새로운
규슈
여행

NEW KYUSHU TRIP

## 들어가며 — 가고 싶은 규슈 안내

"소중한 친구를 소개하듯이, 그런 여행 책을 만들자."
어느 날 밤, 하카타에서 밥을 먹으며 한 그 이야기로부터 시작된 것 같습니다.
그날의 멤버로 결성한 출판 모임이 '치칭푸이푸이 타비자'입니다.
'늘 좋은 여행이 되기를'이 좌우명인 남방 사진가 다루미 할배 겐고를 리더로,
몇십 년 동안 규슈의 여행지를 취재하고 있는, 후쿠오카에 사는 사진가 마쓰쿠마 나오키와
작가 우시지마 지에미, 나가사키가 고향인 편집자 오이시 레이코가 멤버가 됐습니다.
여행을 한없이 사랑하는 네 사람이 '우리가 몇 번이고 가고 싶은' 규슈의 갈 만한 곳을
선별하기로 했습니다. 그러나 막상 시작하니 넣고 싶은 가게가 너무 많아 크게 고생했습니다.
고심 끝에 먹는 것을 좋아하는 멤버들의 테마인 '음식을 통해 대지와 교감하기'를 중심으로,

철도 여행, 가미고토의 교회, 다네가섬의 로켓 등을 더해
개성 가득한 규슈의 매력을 전하기로 했습니다.

또한 '새로운' 여행서 시리즈는 '새로운' 시선으로 바라보는 여행이 테마지만,
《새로운 규슈 여행》은 요즘 젊은이들에게 호평 받는 가게뿐만 아니라 가족이 함께 즐길 수 있는
편안한 가게, 오래도록 지역의 문화를 만들어온 노포, 지역의 사람들이 자랑하는 숨겨진 명소도
소개했습니다. 유행이나 화제성만 내세운 새로운 장소가 아닌, 다른 지역에는 없는
'새로운 규슈 명물'을 안내하고 있습니다.

훌쩍, 가볍게. 언제든 반갑게 맞이해주는 그런 따스한 분위기의 가게에 가는 것처럼
이 책과 함께 규슈를 이곳저곳 여행해주신다면 기쁘겠습니다.

치칭푸이푸이 타비자 일동

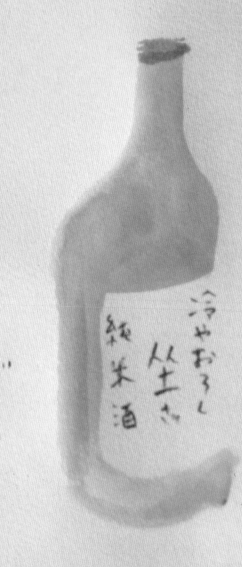

冷やおろし
生もと
純米酒

グラス 500円

一合 800円

本日の日本酒

出雲
天穏
てんおん
純米酒

古伊万里
可さ乃
純米酒

閧

# Contents

# How To Use  이용 가이드

★ 이런 가게를 소개하고 있습니다!
- 만들어내는 결과물에 마음이 담겨 있는 곳.
- 분야에 상관없이 규슈에 발을 단단히 딛고 사는 사람들이 있는 곳.
- 새로운 가게, 성실한 가게, 지역 주민에게 사랑받는 가게를 중심으로.

★ 지역별로 소개하고 있습니다!
- 규슈 여행은 지역별로 계획을 세우면 좋습니다.
- 유명한 관광지와 함께 즐겨주세요.

★ 가고 싶은 가게가 정해지면
- 가기 전에 휴일이 아닌지 확인하세요!
- 걱정되시는 분은 전화로 확인하면 안심할 수 있습니다.
- 마지막 페이지에 지역별 지도가 있습니다.
- 가게의 위치+주변 추천 관광지도 소개하고 있습니다.
- 내비게이션이나 상세 지도와 함께 이용하세요.

사람을 모으고 웃게 하는
가게와 명소,
호기심을 자극하는
에센스가 가득.

# 1

# 북부 지역

후쿠오카 · 사가 · 나가사키

옛날부터 일본의 입구로 새로운 것을 받아들여온
북부 지역에는, 지금도 외부에서 온 사람을
"어서 오세요, 어서 오세요" 하며
맞이하는 따스한 분위기가 흐른다.

# 포장마차 바 에비짱
屋台バーえびちゃん

거리에 탄생한 본격적인
Bar 포장마차

IIIIIIIIIIIIIIIIIIIII

정위치는 공원 옆 길바닥. 밤낮으로 모습이 변한다

하카타는 포장마차의 도시다. 후쿠오카시에는 현재 150곳 정도의 포장마차가 있어서 괜찮은 관광지가 되었다. 또 지역 주민과 관광객의 좋은 교류 장소이기도 하다. 누구나 가볍게 들어갈 수 있는 것이 포장마차의 장점이다.

후쿠오카 내에서도 하카타에 살면서 재미있다고 생각한 풍경이 포장마차의 출근길이다. 포장마차니까 당연히 밤에 나타나는데, 밤 영업이 끝나면 깔끔하게 정리가 된다. 즉, 포장마차는 정해진 장소(하카타에는 시에서 정한 포장마차의 주차장 같은 장소가 몇 군데 있다)로 매일 출근하는 것이다. 포장마차는 오토바이로 끌거나 사람이 끈다. 오토바이 통근이기도 하고 도보 통근이기도 한 셈이다. 이 일은 포장마차 주인이 하는 경우도 있지만, 대부분 '운송자'라 불리는 사람들이 대신한다. 이들은 대체로 오후 5시쯤부터 포장마차를 설치하기 시작한다. 포장마차는 자유로운 이미지가 있지만 원하는 시간에 영업할 수는 없는 등 여러 가지 규칙이 있다.

에비짱 특제 칵테일 핑크색 솔티 독

하카타의 많은 포장마차 중에서도 유일한 포장마차 바(BAR) '에비짱'. 포장마차지만 본격적인 바 메뉴(칵테일과 위스키, 물론 소주도)를 맛볼 수 있고, 음식도 매력적이다. 멀리서도 꾸준히 들르는 사람도 많다. 촬영 시기는 12월의 싸늘한 날(규슈는 따뜻하다고 착각하기 쉽지만 겨울엔 춥다), 미리 지정한 장소로 옮겨진 포장마차는 접혀져 있어 평소보다 훨씬 작았고, 포장마차 위에 있는 간판이 에비짱임을 말해줬다.

포장마차의 주인 에비나 다케시, 아키코 부부가 그 옆 봉고차에서 이것저것 도구를 옮기는 중이었다. 평소에는 수다쟁이지만 작업할 때는 둘 다 거의 말이 없었다. 포장마차 설치는 5시 반쯤에야 시작했다. 설치뿐만 아니라, 전기를 끌어오고(근처 전봇대에서 끌어오는 시스템), 물을 뜨고(전에는 먼 곳까지 뜨러 다녔으나, 지금은 근방에 포장마차용 수도가 있어 조금 편해졌다), 조리할 곳(화로를 피우는 등)도 정비한다. 뒤쪽에 선반도 만든다. 바이므로 다양한 술병(개수는 모름. 너무 바빠서 물어보기 무서웠다)을 놓고, 잔을 늘어놓고, 접시 등 식기류도 준비한다. 매일 이런 식이다. 이렇게 힘들 줄이야…. M 사진가도 멍하니 셔터를 눌렀다.

하카타의 포장마차는 기후 대비가 완벽하다. 따뜻한 시기에는 위쪽에만 천을 드리워 바람이 잘 통하게 한다. 하지만, 겨울에는 완전히 둘러싸 따뜻하게 한다(겨울 포장마차는 춥다고 생각할 수

바텐더 차림의 주인 다케시 씨가 칵테일을 대접한다

# 오늘도 '오늘의 에비짱'이 탄생합니다

**1**

운송자가 옮긴 포장마차가 인도에 덩그러니

▼

**2**

설치 시작!

▼

**3**

화롯불을 피우는 것도 일과

**4**

선반이 생기고, 전자레인지도 놓는다

▼

**5**

그릇은 천으로 감싸고, 소품도 꺼내기 쉽게 수납

▼

**6**

점점 형태를 갖춘다

▼

**7**

메뉴 달기. 병도 잘 보이게 늘어놓음

**8**

사진 4와 비교하면 완전히 가게 모습으로

▼

**9**

가림막을 세우고, 천막을 달고

▼

**10**

완성, 만세!

주　　소　후쿠오카현 후쿠오카시 하카타구
　　　　　가와카미바타마치 레이센 공원 앞
　　　　　福岡県福岡市博多区上川端町
　　　　　冷泉公園前
전　　화　090-3735-4939
시　　간　19:00-L.O. 01:30
정기휴일　일요일, 악천후 (특히 강풍)
가 는 길　지하철 나카스카와바타역

있지만 내부는 뜨끈뜨끈 하다). 따라서 겨울에는 가림막을 만드는 수고가 더해진다.

보는 사람의 몸이 뼛속까지 얼어붙을 즈음 설치 작업이 종료됐다. 시계를 보니 개점 시간 10분 전이었다. 지붕 위의 간판에 조명이 켜지고, 오늘 밤도 에비짱은 무사히 탄생했다. 조명이 켜진 것만으로도 왠지 따뜻했다. "손님으로 모실까요?" 여태 작업을 하던 다케시 씨가 바텐더 복장으로 갈아입고 말을 걸었다. 그가 권하는 대로 포장마차 안으로 들어갔다. 실내는 의외로 따뜻했다. 영업 시간이 되기를 기다렸다는 듯 손님이 모였다. 에비짱이 인기 포장마차임을 새삼 실감했다. 단골, 관광객, 혼자 온 사람, 커플, 그룹까지 손님은 다양했다. 술만 마시는 손님이 있는가 하면 든든하게 먹는 손님도 있었다. 단골로 보이는 손님과 아키코 씨의 대화가 재미있어서 포장마차 안의 손

1. 초대 사장인 아버지와 함께 찍은 귀중한 가족사진. 이곳이 포장마차라는 게 믿기지 않는다 2. 3. 안주도 근사하다 4. 겨울의 인기 메뉴 소꼬리 어묵 5. 명물 카망베르 마멀레이드 구이

님 전체가 웃었다. 어느새 옆 사람과도 대화가 이루어졌다. 포장마차는 이렇게 정이 깊다. 하지만 다들 몇십 분 전까지 이루어진 그 엄청난 설치 작업은 모른다.

포장마차는 대단하다. 매일 일일이 설치하는 일을 반복한다. 에비짱은 바이기에 술병이 많아 다른 포장마차보다 설치하는 데 좀 더 시간이 걸릴지도 모른다. 그 속에서 많은 사람이 마시고, 먹고, 떠들고, 웃다 간다. 시간이 되면 포장마차는 깨끗하게 정리된다. 그리고 또 다음 밤이 오면, 각각의 포장마차에서 새로운 이야기가 시작된다.

# 다이다이 橙

먹는 동안
깊어지는 국물 맛

||||||||||||||||||

주　소 　후쿠오카현 후쿠오카시
　　　　주오구 오테몬 1-8-14
　　　　福岡県福岡市中央区
　　　　大手門1-8-14
전　화 　092-726-0012
시　간 　12:00~22:00
정기휴일 　일요일
가는 길 　지하철 오호리코엔역

미즈타키(일본식 닭전골)는 하카타의 명물 중 하나이다. 각지의 명물 중에는 젊은이는 거의 먹지 않는 음식도 있지만, 미즈타키는 의외로 잘 먹는다. 전골이라 겨울을 떠올리기 쉽지만, 여름에도 먹는다. 미즈타키뿐만 아니라 곱창전골도 여름에 꽤 잘 팔려 인기 가게는 예약하지 못하는 일도 종종 있다. 더울 때야말로 이열치열이다. 하카타에서만 그런가?

최근 이 미즈타키 사정이 조금 달라진 듯 보인다. 새로운 가게가 차례로 생기며 새로운 바람이 불고 있다. 미즈타키 국물도 다양하다. 맑은 국물, 뽀얀 국물 등 마셔보면 각각 다르다. 참고로 뽀얀 국물은 '미즈다키', 맑은 국물은 '미즈타키'로 구분하는 경우도 있다. 또 새로운 가게마다 두 가지가 다 있어 맛을 겨룬다. 잡지사도 이런 트렌드에 주목해 특집 페이지를 만들 정도다. 미즈타키 요리로 유명한 곳 가운데 하나가 '다이다이'다. 이곳

은 이웃한 '닭꼬치 초지'(이곳도 맛있다)의 2호점으로, 닭고기를 통째로 사용해 한 마리에서 구이용 부위, 전골용 부위를 나눈다.

하카타의 미즈타키는 국으로 시작한다. 식사 전에 먼저 국 한 그릇이 나온다. 다이다이의 국물은 맑고 깔끔하지만, 닭의 깊은 맛이 잘 우러나 있다. 국물을 맛본 뒤, 냄비 안의 닭고기를 먹는다. 그다음 완자를 넣는다. 연골이 들어간 완자는 부드럽게 사르르 넘어가 맛있다. 개인적으로는 닭고기보다 완자를 좋아한다. 마지막으로 채소가 들어간다. 수분으로 싱거워지지 않도록 배추가 아닌 양배추를 넣는 가게가 많다. 양배추를 넣으면 국물의 깊은 맛이 확 퍼진다. 이래서 다이다이의 국물 맛이 대단하다. 처음 먹을 때보다 국물 맛이 점점 다양해진다. 마무리는 소면이나 죽을 넣는다. 이 맛있는 국물은 남김없이 다 먹고 싶다. 콜라겐도 가득해 다음날 아침 피부가 탱탱해진다.

1. 마무리는 소면. 국물을 잔뜩 끼얹어서  2. 죽이나 소면에 부추간장을 추가  3. 모던하고 고즈넉한 내부

전골에는 허벅지살, 가슴살, 날개가 들어간다. 수제 폰즈소스에 찍어 입에 넣으면, 고기는 부드럽게 풀어지고, 깊은 맛이 펼쳐진다. 미즈타키 1인분 2,800엔

돼지, 오리, 송아지, 와규, 소 혀가 혼연일체된
햄버거 한 접시. 너무 맛있어서 웃음이 난다

디저트 누가 글라세. 고기를 먹은 뒤 맛보는
디저트도 일차 행복하다

# 아니온
Aignon

여성마저 사로잡는
남자의 프렌치

| | | | | | | | | | | | | | | | | | |

| 주 | 소 | 후쿠오카현 후쿠오카시 주오구 |
| | | 덴진 1-15-14 다카키 빌딩 1층 |
| | | 福岡県福岡市中央区天神 |
| | | 1-15-14 高木ビル 1階 |
| 전 | 화 | 092-717-3001 |
| 시 | 간 | 18:00~L.O. 02:00 |
| 정기휴일 | | 일요일 |
| 가는 길 | | 지하철 덴진역 |
| H | P | aignon.com |

오픈 때부터 있던 간판. 아니온의 혼!

가게 앞에 있는 것은 '남자의 하렌치(파렴치)'라 쓰고, 하에 X를 넣어 '프'로 바꾼 입간판. 그렇다. 이곳은 프렌치 레스토랑, 비스트로이다. 이 입간판을 보기만 해도 오너 셰프 혼다 후토시의 성격이 짐작이 간다. 중요한 것은 셰프의 뛰어난 요리 솜씨다. 이 집은 그 유명한 미슐랭 빕 그루망에도 올랐다.

혼다 후토시는 시내의 인기 비스트로에서 일하다가 자신의 가게를 오픈했다. 대부분의 프렌치 레

꽁치와 감자 그라탱. 꽁치가 제철일 때만 나오는 가을 겨울 한정 메뉴다

스토랑은 여성을 타깃으로 한다. 하지만, 혼다 씨는 남자를 위한 든든한 비스트로를 열었다.

런치도 없다. 생선 요리에 주력하는 가게가 많지만, 이곳의 메뉴 대부분은 고기다. 양도 많이 준다. 음식을 먹을 때는 작게 잘라 먹지 말고, 입에 가득 넣어야 하는 등 이곳만의 방식도 있다. 그러나 레스토랑은 혼다 씨의 생각대로 운영되지 않았다. 이 맛있는 가게를 여성들이 놓칠 리가 없다. '남자'를 내세우는데도 고객의 절반 이상이 여성이라고 한다.

오리지널 메뉴 중 하나인 '남자의 뉴 햄버그'는 소스, 감자 퓌레 위에 햄버그 스테이크가 산처럼 당당하게 올라가 있다. 이 햄버그의 핵심은 패티에 있다. 이베리코 돼지, 샬랑 오리, 송아지, 와규 볼살, 소 혀 등을 넣어 만든다. 나이프를 대자 육즙과 함께 푸아그라가 나타난다. 입에 넣자 꽉 찬 고기 맛이 느껴진다. 씹는 동안 점점 맛이 배어 나온다. 이 복잡하고 깊은 맛은 다양한 고기를 사용해서 얻은 결과다. 가정에서는 절대 만들 수 없는 맛. 비스트로이기에 가능한 어른의 햄버그다.

이 가게의 매력은 요리만이 아니다. 혼다 씨의 자연스러운 접객도 있다. 직원은 모두 사이가 좋고, 편안하게 대해서 좋다. 파리의 비스트로와 마찬가지로, 친근한 분위기라 마음이 편안하다. 배를 싹 비우고 그 문을 열자.

# 가와야 게코점
かわ屋 譬固店

## 전설의 닭껍질 맛에 취하다

IIIIIIIIIIIIIIIIIIII

옛날에 후쿠오카에 전설적인 닭꼬치집이 있었다. 이 가게의 명물은 닭껍질 요리였다. 안타깝게도 지금 그 가게는 없다. 하지만, 그 흐름을 잇는 가게가 시내에 몇 군데 있다. '가와야'도 그중 한 곳이다. 여기서 단골들의 주문은 "껍질 10개!". 그 목소리를 듣기만 해도 반갑다.

이 가게의 닭껍질 요리는 보통 닭꼬치집의 것과는 생김새와 맛이 전혀 다르다. 향이 풍부하고 씹는 맛이 있

1. 가게 안에는 늘 굽기를 반복하는 닭껍질이 쌓여 있다  2. 이쪽도 추천하는 닭가슴살 양념구이  3. 엿새나 구워낸 닭껍질은 하나에 108엔  4. 돼지 막창도 술안주로 좋다. 크게 썬 양배추를 함께 꽂는 것이 하카타식

는데, 씹는 동안 맛이 배어 나온다. 그러나 껍질 특유의 느끼함은 느껴지지 않는다.

꼬치는 닭의 목 껍질을 길게 꼬치에 감으며 꽂는다. 하나에 한 마리분의 껍질이 사용된다. 이것에 소스를 발라 굽고, 또 소스를 발라 굽는 과정을 엿새 동안 반복한다. 이렇게 하면 여분의 지방이 서서히 떨어지고, 감칠맛만 남는다. 닷새로는 아직 지방이 남아 있고, 이레는 지방이 너무 제거된다. 이 절묘한 타이밍으로 전설의 '명품 닭껍질'이 완성된다.

| | |
|---|---|
| **주 소** | 후쿠오카현 후쿠오카시 주오구 게코 2초메 16-10<br>福岡県福岡市中央区譬固 2丁目 16-10 |
| **전 화** | 092-741-4567 |
| **시 간** | 17:00~24:00 |
| **정기휴일** | 무휴 |
| **가는 길** | 지하철 아카사카역 |

# 바죠소
馬上荘

주문을 받은 뒤 빚는 통통하고
부드러운 만두

||||||||||||||||||||

직접 만든 피와 만두소가 맛있다. 안주는 명물 바죠즈케, 스모쓰 등

'바죠소'는 만두 전문점이다. 주문을 받고나서 만두피를 만들어 하나하나 빚는다. 하카타의 만두는 작아서 혼자 20~30개는 쉽게 먹을 수 있다. 가게에 들어가면 주인인 요시다 고이치 씨는 계속 만두를 빚고 있다. 그럼에도 시간이 걸린다. 주문해도 금세 '자, 드시죠' 하고 나오지 않는다. 성급한 사람은 조금 짜증날 수도 있다. 그러나 단품 메뉴부터 맛보면서 기다리자. 이곳은 단품 메뉴도 모두 맛있다. 15종류쯤 되는 단품 중에서 개인적으로 마음에 드는 것은 '간 스테이크'. 이 스테이크는 간이 매우 얇아서 요시다 씨밖에 다루지 못한다고 한다. 속은 셈치고 먹어보기를 바란다. 이 밖에 고소한 양배추 샐러드 '스즈나', 부추 간장무침 '바죠즈케', 내장 초절임 스모쓰, 간 부추볶음 등이 인기 있다.

이렇게 단품 요리를 먹으며 기다리면 눈앞에 바로 구운 뜨끈뜨끈한 만두가 도착한다. 만두는 형태가 둥글다. 향기로우면서도 바삭한 식감이 특징인 하카타 만두 중에서도 쫄깃한 느낌이 강하다. 한입 베어 물면 입 안에 부드럽게 퍼지는 만두소. '역시 맛있어. 기다리길 잘했다!' 하고 속으로 외치게 된다. 처음에는 맥주가 음식과 어울리지만, 둘째 잔부터는 소주가 잘 어울린다. 소주도 있다. 이 가게는 좁아서 예약은 받지 않는다.

**주   소** 후쿠오카현 후쿠오카시 사와라구
니시진 1-7-6
福岡県福岡市早良区西新 1-7-6
**전   화** 092-831-6152
**시   간** 18:00~23:00 (L.O. 22:30)
일요일, 공휴일~22:00 (L.O. 21:30)
**정기휴일** 월요일 (월말 연휴 있음)
**가 는 길** 지하철 니시진역

부드럽지만 잘 구워진 만두는 한 접시 10개에 500엔. 유자후추를 찍어 먹는 것이 규슈식이다. 주문은 한 사람당 최소 1인분부터 가능하다

식지 않도록 화로에 올린 닭꼬치. 노란 네모는 스모크 치즈다

# 하나야마
花山

독창성이 넘치는
메뉴를 즐길 수 있는
널찍한 포장마차

||||||||||||||||||

| | |
|---|---|
| 주　소 | 후쿠오카현 후쿠오카시 히가시구 하코자키 1 |
| | 福岡県福岡市東区箱崎 1 |
| 전　화 | 090-3320-3293 |
| 시　간 | 17:30~01:00 (일요일 12:00~) |
| 정기휴일 | 월요일 |
| 가는 길 | 지하철 하코자키미야마에역 |

첨가물이 없어 몸에 해롭지 않은 라멘 국물은 커피처럼 쭉 마실 수 있다. 속이 거북하지 않다

창업은 1952년. 현재는 2대 주인 하나다 히로유키 씨가 넓은 포장마차를 운영하고 있다. 덴진과 나카스 거리의 포장마차는 크기에도 규제가 있다. 하나야마는 참배길에 있어 매우 널찍한 포장마차다. 커다란 포장마차 2개를 연결했는데, 그 옆에 신발을 벗고 올라가는 좌식 포장마차까지 있다. 하코자키미야 축제나 연초처럼 손님이 많은 때는 포장마차 안을 커다란 식당처럼 구조를

바꾼다. 상점가의 포장마차와 달리 자유자재다. 이 가게에서 꼭 맛봐야 하는 메뉴는 '시로'다. 돼지 내장인데, 먼저 이곳에 들어오면 시로를 주문하는 손님이 대다수다. 유자 풍미가 가득한 소스에 찍어 먹으면 10개까지 거뜬하다. 하나다 씨가 포장마차를 물려받았을 때 속으로 정한 것 중 하나는 화학조미료를 쓰지 않은 라멘을 내놓는 것이었다. 손님에게 안심하고 먹을 수 있는 것을 대

## 좌식 포장마차에서 맛보는 정성

1. 주인인 하나다 히로유키 씨. 철저한 성격으로, 닭꼬치에 쓰는 소금도 수제 천연 소금이다  2. 다른 곳에서 볼 수 없는 좌식 포장마차. 붙어 앉으면 12명까지 들어간다

접하고 싶었다. 그 마음으로 라멘을 만든다. 처음에는 단골들로부터 '맛이 변했다', '맛이 없다' 등 질타도 받았다. 그래도 신념을 굽히지 않았다. 이런 노력으로 안심할 수 있고 맛있는 라멘을 만드는 데 성공했다. 지금은 하나야마의 명물 중 하나가 되었다. 포장마차 메뉴에는 여러 가지 규칙이 있다. 일반 가게와 큰 차이점은 '날것 금지'다. 날것은 생선뿐만 아니라, 채소 등도 모두 해당된다.

따라서 하카타의 닭꼬치에는 일반적인 양배추도 넣을 수 없다. 하나다 씨는 이것을 역으로 이용해 개성적인 메뉴를 개발했다. 불판을 개조해 훈제기도 만들었다. 훈제기로 만든 수제 소시지, 치즈와 닭가슴살 훈제 등 인기 메뉴가 많다. 닭꼬치는 닭껍질까지 훈제해서 내놓는다. 정말 자꾸만 생각나는 맛이다! 일부러 지하철을 타더라도 가고 싶은 포장마차. 하나야마는 오늘도 북적인다.

어묵 냄비의 국물은 자주 보충하여,
짜지지 않도록 조절한다

# 고료리 에쓰

小料理 悦

채소를 실컷 먹을 수 있는
오리지널 어묵

IIIIIIIIIIIIIIIII

일본주를 고르는 센스도 절묘

손님의 대부분이 주문하는 제철 채소모둠.
가격은 재료나 인원수에 따라 다르다

'고료리 에쓰'가 있는 곳은 니시나카스. '나카스'
가 붙어도 서일본 제일의 환락가라 일컬어지는
나카스와는 꽤 분위기가 다르다. 니시나카스는
관심이 끊이지 않는 지역이다. 특히 여성에게는
나카스보다 니시나카스가 훨씬 즐길 거리가 많
다. 니시나카스에는 옛날부터 문인이나 풍류를
즐기는 사람이 선호하는 가게가 많았다. 좁고 복
잡한 골목길에는 작은 규모의 가게가 여기저기
있었다. 시대가 바뀌
어 옛날 가게는 줄어
들었지만, 지금도 복
잡한 구조는 변함이
없다. 익숙해지지 않
으면 길을 잃는 일도
종종 있다. 하지만
그런 때에 생각지도
못한 재미있는 가게

아름다운 옻그릇과 청자 등
그릇마저 눈을 즐겁게 한다

와 만나기도 한다.

고료리 에쓰는 니시나카스의 오래된 상가 1층에
있는데, 조금 안쪽에 있어서 찾기 힘들다. 그러나
단골들은 간판이 나와 있고 가게에서 조명이 새
어나오는 것을 보며 반가워한다. 가게 문을 열면
어묵 국물의 맛있는 냄새와 포근하고 따스한 분
위기가 흘러 행복해진다.

고료리 에쓰의 주인 가와구치 에쓰코 씨는 에쓰
짱이라 불리며 친숙하게 여겨진다(영업용 미소
가 서툰 면도 호감이 간다). 이 집의 간판 메뉴는
어묵이다. 닭 뼈와 잔멸치, 다시마 등을 우려낸 육
수는 시행착오 끝에 완성된 깔끔한 맛으로, 감칠
맛이 가득 담겨 있다. 개점 초부터 맛있다고 생각
했지만, 최근 몇 년간 더욱 진화를 거듭했다. 이
느낌은 나뿐만이 아니다. 단골들도 훨씬 맛있어
졌다고 입을 모은다.

일반적으로 어묵은 생선 살을 갈아 만든다. 하지

## 깊은 국물 맛에 몸이 기뻐한다

만, 고료리 에쓰의 어묵은 채소가 주재료다. 카운
터 안쪽에서는 커다란 어묵 냄비가 김을 내고 있
다. 인기 메뉴는 누가 뭐라 해도 제철 채소모둠이
다. 어묵 국물 속에 맛이 진하게 밴 무와 감자, 당
근, 슬쩍 데친 녹색 채소 등 여러 가지 채소를 한
접시에 담아낸다. 외식만 거듭한 여행자나 하루
의 일과에 지친 사람들에게 활력을 주는 맛이다.
어묵 국물과 함께 그릇에 담겨 나오는 모즈쿠(큰
실말). 수제 간모도키(두부와 채소를 갈은 뒤 뭉

쳐서 튀긴 것), 후추가 알싸하게 퍼지고 연골의
식감이 재미있는 수제 스파이스 닭완자, 구즈키
리(칡가루를 국수처럼 만들어 꿀에 찍어먹는 디
저트), 오리 등 계절이나 날짜에 따라 다르지만,
개성적인 어묵류와 만날 수 있어 즐겁다. 또 하카
타이기에 가능한 '만두말이'(만두를 어묵으로 말
은 것)는 소부터 직접 만든다. 여행자라면 꼭 맛
보기를 바란다. 어묵은 겨울에 먹는 음식이라는
이미지가 강하다. 하지만, 고료리 에쓰의 어묵은

1년 내내 제철이다. 주인은 서른이 넘어 요리의 길로 들어섰다. 가게를
차린 것은 7~8년 전이다. 경험이 적은 만큼 열심히 공부했다. 가게를
오픈한 뒤에 인테리어를 위해 가게를 잠시 쉬기도 했다. 그동안 지인
의 가게에서 아르바이트도 했다. 다른 가게에서 일하며 다양한 것을 배
우려는 자세가 느껴진다. 다시 가게를 오픈했을 때는 어묵 국물이 한층
맛있어졌고, 메뉴도 늘어났다. 오사카와 교토의 인기 가게에 들려 찾아
낸 새로운 메뉴에도 도전한다. 고료리 에쓰는 항상 진화 중이다.
일본주를 사랑하는 주인은 술 역시 엄선해서 들여놓았다. 메뉴에는 없
는 술이 있으므로, 물어보는 것을 추천한다.

주　소　후쿠오카현 후쿠오카시 주오구
　　　　니시나카스 3-19 베이힐 빌딩 1층
　　　　福岡県福岡市中央区西中洲 3-19
　　　　ベイヒルコート1階
전　화　092-724-3136
시　간　18:00~L.O. 24:00 (일찍 닫기도 함)
정기휴일　일요일 (부정기 휴일 있음)
가 는 길　지하철 나카스카와바타역

# circa
치르카

## 귀여운 빵집의
## 핫도그 샌드위치

||||||||||||||||

크림이 가득, 생크림 단팥

여자에게 가장 인기가 많은 과일 샌드위치

하카타역에서 서쪽으로 향하는 스미요시 도로는 교통량이 많은 버스길이다. 그곳에서 한 블록 남쪽으로 들어간 좁은 길에 '치르카'가 있다.
치르카는 옆 가게인 비스트로 '라 토르튜'의 2호점으로 오픈했다. 라 토르튜에서 요리와 함께 낸 빵이 호평을 받자 베이커리 카페까지 차리게 되었다. 빵을 굽는 사람은 후루사토 노리코 씨. 단골들은 친숙하게 "노리짱"이라 부른다.

그녀는 백화점 주류 코너에서 일하며 와인에 관심을 갖게 됐고, 그 대상이 와인과 어울리는 빵이나 요리로 넓어졌다고 한다. 또한, 프랑스에도 관심을 가졌다. 시내 인기 비스트로에서 일하며 빵집의 아르바이트를 하기도 하고, 프랑스로 어학연수를 가서 현지 빵집과 와인 양조장에서 일하기도 했다. 도쿄의 비스트로에서도 일했다. "거기 빵은 맛있던가요?" 대수롭지 않은 질문에 "맛있지 않으면 공부가 안 되잖아요"라는 대답이 돌아왔다. 왠지 멋있다!
프랑스 출신이라면 딱딱한 빵을 내놓을 것이라고 생각했는데, 아니다. 간판 메뉴는 핫도그 샌드위치. 달콤짭짤한 여러 가지 속 재료 중에서 좋아하는 것을 고르면 핫도그빵에 넣어준다. 가장 인기 있는 메뉴는 '나폴리탄'. 달콤한 것을 좋아하면 '생크림 단팥'을 추천한다. 핫도그는 샌드위치는 미리 만들어 놓지 않고 주문을 받으면 만든다. 핫도그빵이라 B급일 것이라 생각했는데, 전혀 아니었다. 일본산 밀가루로 만든 빵은 보들보들하면서 쫀득쫀득하다. 옛날에 급식으로 먹은 핫도그빵, 혹은 슈퍼 등에서 파는 유명한 빵 제조회사의 핫도그 빵과는 반죽부터 다르다.
빵만 맛있는 것이 아니다. 치르카 특제 빵과 함께 라 토르튜의 오너 셰프 야마구치 다쓰야 씨의 레시피로 만든 본격적인 비스트로 메뉴를 먹을 수 있다. 정말 근사한 일이다.
고전적 느낌의 치르카 실내는 다소 느긋한 분위기가 흐른다. 오래된 유리가 쓰인 입구의 미닫이문이 이 가게에 잘 어울린다. 유리 너머로 하늘이 보인다. 유리문을 통해 시간의 흐름과 계절의 변화를 느낄 수 있다. 이런 분위기는 빵 만들기와 직접적인 관련은 없지만, 빵이 맛있게 발효되는 장소처럼 느껴진다. 아무튼 요즘 노리짱은 천연 효모에 빠져 있다. 다음 행보가 기대된다.

| | |
|---|---|
| 주   소 | 후쿠오카현 후쿠오카시 하카타구 스미요시 4-10-20 |
| | 福岡県福岡市博多区住吉 4-10-20 |
| 전   화 | 092-474-7616 |
| 시   간 | 평일 11:30~15:00, 17:00-21:30 |
| | 토요일 11:30~16:00, 18:00~22:00 |
| 정기휴일 | 일요일, 월요일 (부정기 휴일 있으므로 확인) |
| 가 는 길 | 지하철 와타나베도리역, 니시테쓰 버스 스미요시 정류장 |

ナポリタン 280
生ハムサラダ 350
ハニーマスタード チキン 350
フルーツサンド
（ホイップ＆グラノ・ライ？）
バナナ 230
桃・キウイ オレンジ 280
日向夏ジャム
柿と洋なし 160

한 끼 식사로 충분한 나폴리탄 샌드위치

빵이 구워져 행복해보이는 가게 주인 노리짱

# 커피 비미

珈琲美美

시간을 풍요롭게 해주는
한 잔의 커피

ㅣㅣㅣㅣㅣㅣㅣㅣㅣㅣㅣㅣㅣㅣㅣㅣ

깊고 진한 커피의 시간으로 이끌린다

후쿠오카시 중심부에서 멀지 않은 장소에 있는 후쿠오카 시립 미술관 근처에 '커피 비미'가 있다. 가게에 들어가면, 진한 커피 향기와 함께 조용한 분위기가 흐른다. 카운터 안쪽에서는 주인 모리미쓰 무네오 씨가 온화하게 웃으며 맞이해준다. 커피 비미는 작은 가게지만, 일본 전국의 커피 마니아에게는 유명하다. 출장 등으로 후쿠오카를 찾으면 아무리 바빠도 시간을 내 비미에 들르는 사람이 많다. 그들은 이곳에서 커피를 마시고 만족스럽게 일

커피 한 잔, 한 잔에 공을 들인다

어나 다시 바쁜 업무로 돌아간다.

모리미쓰 씨는 1972년부터 5년간 커피 마니아들 사이에서 전설적인 가게로 통하는 '기치조지 모카'에서 일했다. 그곳에서 일하는 사이에도 다양한 가게의 커피를 맛보고, 배워, 1977년 후쿠오카 이마이즈미에 커피 비미를 열었다. 문이 작은 신비한 분위기의 카페였지만, 안으로 들어가면 편안했다. 누구보다 이곳의 커피를 좋아

가게 주인 모리미쓰 씨의 자세에 넋을 잃게 된다

하는 사람들만 찾는 카페였으니 편할 만도 했다. 그러다 2009년 현재 위치로 옮겼다. 당연히 가게는 새롭고 깔끔해졌다. 그러나 신기하게도 그 특유의 분위기는 변하지 않았다.

모리미쓰 씨는 스스로 엄선한 원두를 직접 로스팅한다. 주문을 받으면 원두를 음미하고, 갈고, 플란넬 필터로 정성들여 여과시킨다. 그 일련의 움직임은 신성한 의식 같다. 조금씩, 조금씩 따뜻한 물을 따르는 모습을 카운터에서 지켜보는 시간이 좋다. 그렇게 시간을 들여 눈앞에 나온 호박색 커피는 정말 진하고 깊다. 나를 위해 이렇게 정성들여 내려준 커피 한 잔. 정말 감사히 맛보며 마시고 싶다.

주　　소　후쿠오키현 후쿠오카시 주오구 아카사카 2-6-27
　　　　　福岡県福岡市中央区赤坂 2-6-27
전　　화　092-713-6024
시　　간　11:00-L.O. 19:00
정기휴일　월요일, 첫째주 화요일
　　　　　(공휴일인 경우 다음날)
가는 길　지하철 롯폰마쓰역, 아카사카역,
　　　　　니시테쓰 버스 아카사카산초메 정류장
H　　P　cafebimi.com

갈레트를 굽는 하라다 씨. 줄무늬 셔츠가 잘
어울린다. 이 날은 직원도 모두 줄무늬였다

10 **New Kyushu Trip**
북부 | 후쿠오카시 | 갈레트

# Le Puits
르 퓨이

파리 마니아 하라다 씨의
즐거운 갈레트 전문점

||||||||||||||||||

사적인 이야기라 죄송하지만, 프랑스에 빠져 있어서
때때로 파리에 간다. 목적은 맛있는 음식을 맛보기 위
해서다. 다만, 별을 단 고급 레스토랑보다 일반 식당이
좋다. 20년 전 처음 파리의 레스토랑에서 식사를 하며,
편안한 분위기와 맛있는 요리에 빠졌다. 잘 먹고, 잘 마
시고, 잘 떠드는 분위기가 마음에 들었다. 식당에서 보
는 프랑스인들의 맨얼굴이 좋았다. 그때부터 프랑스에
빠졌다. 당시 하카타에는 그런 가게가 없었으니까.
그로부터 몇 년이 지나 후쿠오카에 프렌치 레스토랑

'봉주르'가 생겼다. 소박한 인테리어와 편한 분위기, 프리픽스(메뉴에서 원하는 전채와 메인을 고르는 코스 요리)를 2,000엔 정도로 맛볼 수 있어 젊은이들에게 인기를 끌었다. 그때부터 후쿠오카에서 생활하는 프랑스인들이 이곳을 드나들기 시작(이 레스토랑이 정통이라는 증거다)했고, 나처럼 프랑스 요리에 빠진 이들의 단골집이 됐다.

그 주역이 오너 하라다 다이스케 씨다. 봉주르에서 처음 식사한 후 하라다 씨에게 반해 계속 방문했다. 덕분에 프랑스 여행을 함께 갈 정도로 친해졌다. 하라다 씨는 정석을 추구하는 사람이다. '프랑스 레스토랑 같은 가게'가 아니라 프랑스에 가져가도 괜찮을 정도의 가게를 추구했다. 요리는 물론 실내 인테리어 장식도 정통 프랑스풍을 추구했다. 일본인 취향에 맞게 변형시키지 않았다.

그런 하라다 씨가 봉주르와 같은 방식으로 오픈한 곳이 갈레트 전문점 '르 퓨이'다. 프랑스 브르타뉴 지방에서 시작된 갈레트는 메밀가루로 만든 크레이프로, 프랑스에서는 크레프리creperie에서 먹을 수 있다. 파리에는 이러한 가게가 몇 개나 늘어선 크레프리 거리도 있다. 요즘은 일본의 카페 메뉴에도 등장하지만, 좀처럼 전문점은 찾기 힘들다. 철저한 하라다 씨가 만든 갈레트 전문점. 정말 흥미롭다.

르 퓨이에서 하라다 씨의 장인 정신을 엿볼 수 있는 한 가지가 있다. 시드르(사과를 원료로 만든 발포주)다. 프랑스에서는 갈레트와 함께 시드르를 곁들여 먹는다. 그런데 무슨 까닭인지 시드르를 잔으로 마시지 않고, 시드르 컵이라는 도자기에 따라 마신다. 인터넷으로 검색하면 세련된 시드르 컵도 있다. 하지만, 파리의 노포에는 판에 박은 듯이 갈색 계열의 컵만 있다. 하라다 씨의 선택은 당연히 황토색 시드르 컵이다. 사실 잔으로 내놓아도 아무도 불평하지 않겠지만, 하라다 씨는

에스프레소 잔도 파리 느낌

프랑스와 같은 시드르 컵이어야 한다고 생각했다. 정오가 지난 시간, 사비냑의 포스터며 프랑스 소품에 둘러싸여 갈레트를 먹고 시드르를 마시고 있으면, 파리에 있는 듯한 기분이 든다. 르 퓨이는 그런 가게다.

하라다 씨의 꼼꼼한 성격을 좀 더 소개하겠다. 그는 홍합 요리를 먹은 후 껍데기를 버릴 때 사용할 용기를 벨기에에 본점을 둔 체인 레스토랑과 교섭해 마련했다. 파리에서 독특한 모양의 홍합 껍데기 통(봉주르 식당에서 홍합을 먹어도 나온다)을 안고 귀국한 일도 있고, 좋아하는 레스토랑의 병(지금도 봉주르에서 사용 중)을 주인에게 사정해서 얻어오는 일이 수없이 많다. 그래서 하라다 씨가 파리에서 돌아올 때면 짐이 엄청나다고 한다. 가게 소품과 직원이 걸친 앞치마 등도 파리에서 마음에 든 것을 사왔다고. 봉주르가 오픈했을 무렵 나이프와 포크가 찌그러져 있어 곧게 펴려고 힘을 주었는데 휙 꺾이는 바람에 크게 웃은 일

이 있었다. 그 나이프와 포크도 저렴한 식당 분위기를 내기 위해 일부러 파리에서 사온 것이다. 하라다 씨의 파리 여행은 그런 가게를 끊임없이 돌아다니는 일정으로 짜여 있다. 명품숍이나 미술관은 관심 없고, 주방기기나 그릇 전문점, 벼룩시장을 돌아다니다가 음식 맛이 궁금한 식당을 찾는 식이다. 파리의 식당 요리와 재료의 쓰임새, 분위기까지 모두 빨아들일 기세다.

인테리어나 소품 같은 것만 따라 하는 것은 아니다. 맛도 본고장에 가깝게 하려고 노력한다. 처음 갈레트는 햄, 치즈, 달걀, 라따뚜이, 시금치 크림 등 대중적인 메뉴부터 시작했다. 요즘에는 계절마다 다양한 메뉴가 추가되고 있다. 메밀가루 크레이프 위에 하라다 씨의 센스로 만들어진 요리가 담겨 나온다.

현재 르 퓨이의 갈레트 메뉴는 20가지 정도. 이

가장 기본적인 '햄 치즈 달걀 갈레트'

밖에 계절 갈레트도 있고, 디저트 크레이프도 있다. 파리의 크레이프 전문점에서는 갈레트를 먹은 뒤 디저트로 달콤한 크레이프를 먹어 식사를 마무리한다. 물론 르 퓨이에서도 그렇게 먹는 손님을 볼 수 있다. 하라다 씨는 자신이 추구하는 방식대로 음식을 먹는 손님을 보면 흐뭇해한다. 그러나 손님에게 강요하지는 않는다(물론 요리에 관해서는 양보하지 않는다).

르 퓨이 가게를 둘러보며 갈레트를 먹고 시드르를 마시면, 하라다 씨의 뒤로 파리의 풍경이 언뜻 보일지도 모른다.

주　소　후쿠오카현 후쿠오카시 미나미구
　　　　시오바루 3-26-23
　　　　福岡県福岡市南区塩原 3-26-23
전　화　092-555-4288
시　간　평일 12:00-L.O. 14:30,
　　　　토일 12:00-L.O. 15:00
정기휴일　부정기
가 는 길　니시테쓰 덴진오무타선 오하시역

아르누보 양식의 창문 등 옛날을 떠오르게 하는 양실

# 사토 벳소
さとう別荘

천연 오리 요리로 유명한
오고리에서
일본식 지비에를 맛보다

|||||||||||||||||||

지비에는 본래 식재료로 취급되는 사냥한 야생동물을 가리키는 말이다. 겨울에 즐기는 프랑스 요리로 미식가들을 즐겁게 했다. 지비에를 서양의 식문화로 여기기 쉽지만, 요즘은 일본에도 정착한 분위기다. 일본 각지에도 수렵 기간에만 맛볼 수 있는 야생 조수가 다양하다. 오고리의 오리도 그중 하나다.

후쿠오카현 중앙부에 자리한 오고리는 호만강 양쪽에 넓은 곡창지대를 바탕으로 다양한 문화와 역사를 키워왔다. 논이 많고 농업이 번성해 곳곳에 저수지가 만들어졌다. 이런 환경은 오리가 지내기 좋다. 옛날 에도시대(1603~1868년)부터 시작된 청둥오리 사냥도 이런 환경이 있어 가능했다. 지금도 가을이 깊어지면, 시베리아에서 청둥오리가 추위를 피해 오고리로 날아온다.

청둥오리는 '무쌍망'이라 불리는 전통 사냥법으로 잡는 게 특징이다. 이 사냥법은 오리가 아침저

아름다운 정원을 가로지르는 홍예다리. 전통의 미가 돋보인다

이 집의 명물 '철판구이 오리와 파'는 전 주인이 고안하여 특별히 만든
철판에 익는다. 오리의 칭동오리는 짙은 붉은색이 특징

밝은 미소로 맞이해주는 아리오카 주인 부부. 부부가 함께 오리를 대접한다

## 잊을 수 없는 오리를 모두 맛보러

녘에 먹이를 먹는 습관을 이용한다. 망을 치고 가만히 지키다 오리가 모여들면 단숨에 포획한다. 이렇게 잡은 오리는 오고리는 물론 일본 전역의 미식가들을 감탄케 한다.

'사토 벳소'는 이 귀중한 오리 요리를 맛볼 수 있는 곳이다. 식당은 다이쇼시대(1912~1926년)에 이 고장의 재산가가 세운 별장을 그대로 이용한다. 식당 건물에 들어가기만 해도 오늘 요리에 대한 기대감이 높아진다. 멋진 문, 현관, 반질반질한 복도, 심지어 집 안에 홍예다리까지 있다! 그리고 훌륭한 양실도 있다. 요청을 하면 이 양실에서 식사도 가능하다. 하지만, 역시 정원이 보이는 전통 방이 더 운치가 있다. 참고로 전통식이라고 해도 다다미 위에 의자와 테이블이 준비되어 있어 몸이 불편한 분들도 편하게 이용할 수 있다.

요리는 코스로 하나씩 나온다. 먼저 나오는 회는 그 부드럽고 은은한 맛에 놀라게 된다. 이 요리만

으로 오길 잘했다고 감격하게 될 것이다.

메인 요리는 철판구이다. 카리바야키狩場焼き라고 하는데, 옛날에는 영주도 사냥 도중에 오리를 구워 먹었다는 일화에서 유래한 오고리의 전통적인 오리 요리다. 사토 벳소의 전 주인이 고안했다는 특제 철판은 파와 오리를 올리는 부분의 높이가 달라 굽는 정도를 조절할 수 있다. 역시 오리와 파는 궁합이 좋다. 맛있는 수제 폰즈소스도 준비되어 있지만, 소금에 찍어 먹어도 좋다. 단골 중에 단골은 엄선한 소금이 준비되어 있는데도 자신이 먹을 소금을 가져오는 일도 있다고 한다. 코스 요리는 구이에 이어서 조림과 튀김이 나온다. 풀코스라면 전골까지 먹을 수 있다.

프랑스 지비에 요리는 오리를 내장까지 통째로 숙성시킨다. 하지만, 사토 벳소에서는 내장을 제거하고 숙성시켜 누린내와 비린 맛이 전혀 없다. 살에 쏙 밴 감칠맛을 그대로 맛볼 수 있다. 처음

1. 화려한 오리 잔치. 회는 안심살, 모래집, 가슴살. 양이 적은 부위라 3종류 모두 준비되지 않을 때도 있다 2. 오리전골 3. 오리밥
4. 오리조림

이곳의 오리를 먹은 사람은 '지금까지 먹은 오리 요리는 뭐였지?' 하며 감탄한다. 한번 먹어 보면 다시 찾을 확률이 높다. 단골들은 오리 사냥 허가가 떨어졌다는 소식을 들으면 마음이 들뜬다. 나 역시 이곳의 오리 맛을 알고 나서부터 매년 사냥 허가가 나는 11월 15일이 되면 오리 요리를 생각하게 됐다. 가족의 생일과 결혼기념일은 잊어도 왠지 이 날은 잊지 않는다!

같은 오리라고 하더라도 시기에 따라 고기 맛이 달라진다. 오고리에 도래한 직후의 오리는 장기 여행 뒤라 살이 단단하다. 그러나 한 달이 지나면 오리가 환경에 익숙해지고, 먹이를 먹어 지방이 늘어난다. 사냥철이 끝날 무렵 다시 시베리아로 돌아가기 전에는 본능적으로 몸을 가볍게 하기 위해 다이어트를 시작한다고 한다. 따라서 단골은 사냥철에 세 번 방문한다고 한다. 그렇게 맛의 변화를 즐긴다. 요리가 나오는 사이 들려주는

주인의 오리 이야기도 재미있다. 그런데 나는 뼈가 붙은 오리고기를 제대로 발라먹지 않아 살짝 주의를 들은 적이 있다. 모처럼 먹는 오리, 남기지 않고 먹기를 당부했다. 이런 일에서도 주인의 오리 사랑이 느껴졌다.

오리 사냥은 2월 15일에 끝난다. 그러면 올해도 끝났다는 생각에 섭섭해진다. 그래도 보존한 것이 있어 2월 말까지는 오리 요리를 맛볼 수 있다 (단, 회는 맛보기 어렵다). 오리를 향한 마음은 벌써 다음 사냥철을 기다리게 한다.

주 소   후쿠오카현 오고리시 오고리 1281
         福岡県小郡市小郡 1281
전 화   0942-72-3057
시 간   12:00~22:00
정기휴일   연중무휴 (설·추석만 쉼)
가는 길   니시테쓰 니시테쓰오고리역
H P   www.satou-bessou.com

주　소　후쿠오카현 구루메시 고가시라마치 10-9
　　　　福岡県久留米市小頭町 10-9
전　화　0942-34-3883
시　간　11:30~19:00
정기휴일　월요일 (공휴일은 영업)
가 는 길　니시테쓰 니시테쓰구루메역에서
　　　　도보 10분
H　P　persica.jp

# PERSICA

페르시카

구루메 스니커즈×
생활 에센스

문스타, 아사히 코퍼레이션의 대표 제품부터 희귀한 제품까지

1. 1층은 유기농 식재료와 델리, 주방용품이 중심이다  2. 2층은 '메이드 인 구루메'의 스니커즈를 메인으로 의류를 전시한다
3. 실용적이며 디자인도 빼어나다  4. 식사 공간에서는 런치도 가능

## 실용적이고 멋스러운 애정템

요즘 일본에는 그 지역의 정서가 담긴 세련된 가게를 일부러 찾는 쇼핑족이 많다. 그런 감수성 높은 여행객을 빠르게 모으고 있는 곳이 2012년 구루메 지역에 오픈한 라이프스타일 숍 페르시카다.

멋스러운 나무문을 지나면 매장이 나온다. 1층은 '식(食)'을 중심으로 구성했다. 일본 국내는 물론 해외에서 들여온 식재료와 주방용품, 델리 코너가 있어 물욕과 식욕을 한꺼번에 자극한다. 가게 안쪽에는 나무 그늘이 있는 안뜰이 있다. 그 너머에 카페 공간도 있어서 인테리어 센스가 구석구석 빛을 발한다! '천천히 보고, 먹고, 떠들고, 다시 구경하고…. 반나절은 있을 수 있다'는 단골의 말이 납득이 간다.

"저희 마음에 드는 근방의 반찬을 들여오거나, 몸에 좋은 식재료를 들여오다보니 1층이 이런 가게가 되었습니다(웃음). 사실 메인은 2층의 구루메 스니커즈죠." 명랑하게 말하는 오너 무타 유이치 씨.

구루메는 '문스타', '아사히 코퍼레이션'이라는 2대 회사가 있는 스니커즈의 산지다. 젊은 시절 신발 관련 일을 해온 무타 씨는 문스타, 아사히의 사원과 친분이 있어서 제작 현장을 찾았다가 스니커즈에 강한 매력을 느껴 2층을 스니커즈 숍으로 꾸몄다. 무타 씨는 이곳이 '메이드 인 구루메'의 스니커즈를 홍보하는 역할을 하는 곳이 되었으면 한다. '구루메 스니커즈를 사러 가자!'는 생각으로 여행자들이 이곳을 찾았으면 하는 바람이다.

# 우나기노 네도코

うなぎの寝床

규슈 장인의 매력 재발견!
편집형 안테나 숍

||||||||||||||||||||

'쓰쓰이토키마사 완구폭죽제조소'의 선향불꽃

오리지널 구루메카스리 일바지는 전국에서
인기

주 소 후쿠오카현 야메시 모토마치 267
　　　福岡県八女市本町267
전 화 0943-22-3699
시 간 11:30~18:00
정기휴일 월~수요일 (공휴일은 영업)
가 는 길 야메 인터체인지에서 자동차로 약 10분
H P unagino-nedoko.net

낡은 민가의 하얀 포럼을 지나 가게 안으로 들어갔다. 토방에 신발을 벗고 올라가니 전통공예품이며 작가의 작품, 특산품 등이 즐비하다. 소쿠리에 목화로 만든 겉옷, 죽방울, 아리아케 김…. 모두 예스럽지만 디자인성을 갖춘 물건에 절로 쇼핑 욕구가 일어난다.

후쿠오카현 야메시에 있는 우나기노 네도코. 전통 건물들이 몰려 있는 한가운데 자리한 이 숍은 규슈 지쿠고 지방의 특산품을 소개하는 새로운 스타일의 안테나 숍이다. 이 숍은 장인, 고객, 지방 부흥회 등 폭넓게 주목받고 있다. 이 숍은 디자인을 공부한 대표 시라미즈 다카히로 씨와 바이어인 하루구치 쇼고 씨가 지쿠고 지역의 전통공예를 새롭게 발견하고, 다음 세대에 이어주자는 후생노동성 프로젝트를 진행하며 만들었다고 한다.

"현재 소개 중인 것은 60사 정도의 회사와 아티스트 제품입니다. 수리도 맡고 있어 '자동차로 하루 만에 매입 가능한 생활권 내의 물건'으로 범위를 정했습니다." 선택한 물건에 대해 만드는 법과 쓰는 법을 가르쳐주는 시라미즈 씨의 말 여기저기에서 객관적인 시점과 뜨거운 정열을 갖고 활동하는 것이 느껴진다.

이 숍은 아티스트나 전통산업 제조회사와 협업도 한다. 그중에 히트한 상품이 구루메카스리로 만든 'MONPE'. 직원들이 천부터 만든 이 제품은 현대적인 색과 무늬로 디자인된, 일할 때 입는 바지로 착용감이 최고다. 전국에 팬이 있다고 한다. 나를 위한 선물로도 좋다.

# 14

# COFFEE COUNTY
커피 카운티

만드는 사람과 원두의
이야기를 전하는 로스팅

|||||||||||||||||||||||

주　소　후쿠오카현 구루메시 호타루가와마치 10-5
　　　　福岡県久留米市蛍川町 10-5
전　화　0942-27-9499
시　간　11:00~18:00
정기휴일　공휴일
가는 길　니시테쓰 니시테쓰구루메역에서 도보 10분
H　P　coffeecounty.cc

페르시카의 무타 씨가 가장 추천하는 곳이다. 커피 마니아 사이에 일본 최고 수준의 바리스타로 알려진 모리 다카아키 씨가 2013년에 오픈한 로스팅 전문점이다.
'커피만 좋아하면 됐지, 잘 모르면 어때'라고 생각하는 나 같은 사람도 모리 씨가 들려주는 커피 농원과 그곳에서 일하는 사람들이 얽힌 원두 이야기는 재미있어서 귀를 기울이게 된다.

이 카페에는 어느 가게에나 있는 고유 브랜드가 없다. 그것은 '생산자가 열심히 키운 원두를 잘 파악해 각각 원두의 개성을 전하는 커피 만들기'를 중시하는 모리 씨의 로스팅 스타일 때문이다.
모리 씨가 추천하는 원두 한 잔을 시음했다. 놀랄 만큼 과일향이 풍부했다. 커피에서 농장에 부는 녹색 바람과 원두를 재배한 사람의 그을린 미소가 문득 느껴졌다.

1. 커피 마니아의 큰 신뢰를 받는 바리스타 모리 다카아키 씨 2. 드립 커피를 병에 담아 놓은 '카페비노' 3. 취급하는 원두는 1년 이내의 햇원두다 4. 원두 선택은 시음을 한 뒤 한다

1. 실제로 川자로 잘 수 있는 숙소. 청결한 다다미방이 마음에 들어 장기체류하는 사람도 있다  2. 3. 목공 작가, 종이공예 작가, 도예가 등이 여기저기에 있다  4. 거실과 부엌. 다시 찾는 사람이 늘어 키핑된 술도 많다

# 숙박 가능한 전통상가 가와노지

泊まれる町家 川のじ

## 전통상가 생활을 즐긴다

|||||||||||||||||

| | |
|---|---|
| 주 소 | 후쿠오카현 야메시 모토마치 264 |
| | 福岡県八女市本町 264 |
| 숙 박 | 1박 1명 4,000엔 (6~8인) |
| | ※자세한 것은 홈페이지 확인 |
| 가 는 길 | '우나기노 네도코' 옆 |
| H P | yame-machiya.com |

야메시는 후쿠오카 시내에서 당일치기가 가능한 거리다. 하지만 우나기노 네도코를 기점으로 고풍스러운 거리를 산책하거나, 지쿠고 주변의 공방을 돌아다니는 여행도 즐겁다.

2014년 우나기노 네도코 옆에 오픈한 전통상가 숙박 공간 가와노지를 만든 사람은 이곳 출신인 시바오 유 씨.

"옛 모습을 간직한 전통상가에는 현대 주거 공간에는 없는 신선한 놀라움이 있는 것 같습니다. 어린 자녀에게 시골 할머니 집에 있는 듯한 체험을 시키고 싶다며 가족 단위로 오시는 분도 있습니다. 숙박 중에 이웃 주민과 친해지기도 합니다."

방은 지극히 심플한 구조다. 하지만 청결하고, 무엇보다 옛 정취가 물씬 풍긴다. 2015년 여름 더욱 느긋하게 지낼 수 있는 별장 타입의 숙소로 형태가 바뀌었다. 점점 '거주하는 듯한 여행'에 가까워지고 있다.

# 아티스트를 찾아
# 모지코로

アーティストを訪ねて門司港へ

구로다 세이타로 씨의 여행의 눈

ⅠⅠⅠⅠⅠⅠⅠⅠⅠⅠⅠⅠⅠⅠⅠⅠⅠⅠ

간몬 해협. 건너편은 시모노세키. 제2차세계대전 전까지 외국항로의 거점, 무역항으로 번성한 항구 마을로 복고풍 건물이 많이 남아 있다

구로다 세이타로. 1939년 오사카 출생. 일러스트레이터. 포스터와 삽화로 수많은 상을 수상하였고, 벽화 제작, 라이브 페인팅 등 폭넓은 예술 활동을 펼치고 있다. 1992년부터 뉴욕에 18년간 거주하였고, 상하이 등을 거쳐 2009년부터 모지항을 거점으로 삼았다. 환경·사회문제에도 예술을 통해 다양한 형태로 참여하고 있다.

## 기분 좋은 곳으로, 동쪽으로, 서쪽으로

"여행은 이동이에요." 친근감이 느껴지는 간사이 억양으로 말하며, 장신의 몸을 기울이고 싱긋 웃는 구로다 세이타로 씨. 그는 세계적인 일러스트레이터라는 직함도, 76세라는 나이도, 세상의 틀도 훌쩍 뛰어넘은 자유로운 여행객 같다.

"살아 있다는 건 움직인다는 거죠. 태어나서 한 걸음도 움직이지 않는 사람은 없겠지만, 특히 저는 어린 시절에 집을 나와 여기저기 전전하느라 이사도 60번은 했을 정도예요. 운명이랄까, 성격이랄까. 흐름을 따라 움직이고 그림을 그리는 것은 계속 여행하는 것과 같아요."

구로다 씨는 모지코역의 바로 옆에 아틀리에를 만들었다. 뉴욕에서 18년을 살고, 상하이에서 1년을 보낸 뒤, 2009년 모지코로 이주했다. 기분 좋게 그림을 그릴 수 있는 곳을 찾아 규슈로 흘러온 자신을 마치 토라상(*영화 〈남자는 괴로워〉 시리즈의 주인공) 같다며 웃었다. 구로다 씨는 그동 안 기타큐슈공항의 화장실에 그림을 그리고, 수 복 공사 중인 모지 항구 벽면을 갤러리로 삼는 등 어느새 기타큐슈에 예술의 씨를 뿌리고 있다. "아버지도 지쿠호 출신이거든요. 인정도 많고, 나 고 자란 오사카와 비슷해요. 기타큐슈는 본능적 으로 살기 편합니다. 게다가 이곳 모지는 전쟁 후 대륙에서 돌아온 사람들의 정착지입니다. 여러

사연이 있는 사람들을 맞이한 곳이라 외부인에게 도 편안합니다."
사람은 여행하는 동물이라 말한 사람이 철학자 파스칼이었던가. 구로다 씨도 무언가를 느낀 쪽 으로 흘러가다 편안하면 발을 멈추는 스타일이 다. 몸속에 숨 쉬는 안테나가 가리키는 길을 소중 하게 여긴다. 그것이 '자신다운 여행'의 자세라고 생각한다.

## 여행 → 삶이 가는 데로

옥외 화랑
'모지코 드림 갤러리'

보전 수리 중인 JR모지코역 을 둘러싼 공사벽을 예술로 장식했다

'오래된 공장 사이로 흘끗 보이는 되살아난 바다' 구로다 씨의 그림과 글. 마음이 움직인다

일본으로, 외국으로, 지금도 여행을 계속하고 있는 구로다 씨.

"뉴욕에는 18년이나 살았는데, 관광 명소는 간 적이 없어 잘 모릅니다. 하지만, 일본인이 한 명도 없는 재미 있는 바나 정말 아름다운 저녁놀을 볼 수 있는 곳은 압니다."

그런 구로다 씨가 최근 몇 년간 마음에 든 동네 여행은 보통전철을 타고 도는 '기타큐슈 일주'다. 아틀리에가 있는 모지코에서 출발해 와카마쓰부터 도바타를 돌아 모지코로 돌아오는 루트다.

"해안을 따라 공장이 늘어선 곳이 있습니다. 석탄, 제철소, 일본의 한 시대를 지탱해준 풍경이에요."

풍요로움을 추구한 나라의 기반이 된 그 풍경을 봐두는 것도 좋다는 말을 하며 손으로 종이에 그린 것이 위의 그림이다. 구로다 씨를 만난 그날 곧바로 그 전철 여행을 떠나보았다. 다음 페이지에서 규슈의 철도 여행① '전철로 기타큐슈 일주' 코너로 짧게 소개하겠다.

かって国家のため
に使いすてられ、
死の海、ドロの海と
言われていたが
市民の人達の
気持で
生き返った
海です。

'일찍이 국가를 위해 이용되고 버려져 죽음의 바다, 더러운 바다라 불렸으나 시민들의 성의로 되살아난 바다입니다'

Rail Road column 1

# 보통전철로 기타큐슈 여행

'기타큐슈 일주'
추천 코스 →

모지코역 / 모지코~와카마쓰역까지 바다 쪽 자리가 최고

오리오역 / 환승

와카마쓰역 / 도보 10분

모지코역에서 JR가고시마 본선의 보통전철로 오리오역에서 환승해 와카마쓰역으로 향한다. 직장인과 학생들이 뒤섞여 있어 일상 속의 비일상을 즐긴다

1891년 만들어진 모지코역. 독일인 기술자가 감수한 목조 역사는 옛날의 하이칼라 분위기가 난다. 복고풍 유니폼을 입은 역무원도 멋지다

여행의 달인 구로다 세이타로 씨에게 배운 '기타큐슈 일주'의 철도 여행을 체험해보았다. 모지코에서 출발해 JR 보통열차를 타고 중간에 오리오역에서 환승해 와카마쓰역으로 향했다. 철도 여행 철칙은 '바다 쪽 자리에 앉는 것'이다. 구로다 씨가 말하기를 느긋하게 달리는 보통전철의 차창을 통해 도카이만 해

안을 따라 즐비하게 늘어선 공장을 보는 것이 이 여행의 진면목이다.

도카이만 연안부 야하타 주변은 제철소 등 공장이 밀집되어 있다. 맞은편 와카마쓰는 석탄 출하 항구다. 일본이 경제성장을 꾀할수록 도카이만은 공장 폐수로 오염되어 1960년대에는 '죽음의 바다'로 불렸다고 한다. 물고기 한

모지코 ~ 와카마쓰역까지 바다 쪽 자리가 최고
도바타역에서 돌아오는 방향으로 경로를 고른다

| 와카마쓰 나루터 | 배로 5분 | 도바타 나루터 | 도보 10분 | 도바타역 | | 고쿠라역 |

도바타역에서 돌아오는 방향으로 경로를 골라

구로다 씨가 사랑하는 고쿠다의 바 'Bar 나가야'
주소 : 기타큐슈시 고쿠라키타구 가지마치 1-1-16-B1 北九州市小倉 北区鍛冶町 1-1-16-B1
전화 : 093-541-0703

옛날 와카마쓰는 무서운 이미지였지만, 요즘은 멋진 항구 마을로 변신했다! 항구 주변에 '와카마쓰 밴드'라 불리는 복고풍 건조물이 있다. 나루터 앞에 있는 '우에노 해운'의 오래된 빌딩 안에 카페와 잡화점이 있어 여성에게 인기가 높다. 와카마쓰 나룻배를 타고 맞은편 도바타로 건넌다. 겨우 5분 정도의 항해지만, 바다 냄새를 맡는 작은 모험이다

마리 살지 못 할 만큼 오염되었으나, 지금 차창 밖으로 보이는 바다는 파랗고 잔잔한 모습이다.

"행정과 시민의 노력으로 바다가 깨끗해져서 지금은 생선도 잡히고, 보리새우 양식도 하거든요. 공장이 즐비한 사이사이로 민가도 있고, 자연이 펼쳐져 있어요. 그런 꿋꿋함이 좋

아요."

보통전철을 타고 여행지의 일상으로 살며시 들어가 평소와 다른 시선으로 밖을 본다. 특별할 것 없는 경치 속에 지금 일본의 풍요로움을 만든 역사가 숨어 있어 퍼뜩 놀랐다. 땅에 얽힌 이야기를 힐끗 볼 수 있다면 전철은 이동 수단을 넘어 타임머신이 된다.

# 가니고텐

蟹御殿

게와 온천, 절경을 만끽하는
바닷가 저택에서 극락을 맛보다

'가니고텐(게의 저택)'이라는 호텔 이름에 조금
놀랐다. 너무 직설적이다! 하지만, 이름과는 전혀
다른 고급스럽고 세련된 건물이라 다시 놀랐다.
가니고텐은 '다케자키 게'로 유명한 사가현의 다
라다케 온천에 있다. 다케자키 게는 꽃게의 일종
으로, 수게는 여름, 암게는 겨울에 맛있다. 1년 내
내 제철인 것이다. 근사한 이름은 아니지만, 게는
원 없이 먹여줄 듯한 호텔 이름이라 기대감이 커
졌다.

다라다케 온천은 아리아케해와 마주하고 있다.
간만의 차가 큰 갯벌에는 게의 영양분이 될 플랑
크톤이 많아 여기서 자란 게는 각별히 맛있다고
한다. 이 일대에는 옛날부터 게 조업이 번성했다.
처음에는 이곳 사람들이 게를 잡아 팔기만 했다.
그러다 한 어부가 멀리서 온 손님에게 삶은 게를
대접하고, 온천을 즐기게 하고, 기분이 좋아진 손

님을 자기 집에 재운 것이 숙소의 시작이다. 그렇게 주변에 게를 대접하는 온천 겸 숙소가 늘어났다. 그러나 안타깝게도 지금은 이 최초의 숙소는 없다.

가니고텐은 현 사장 아라카와 노부야스 씨가 2대째인 비교적 최신 호텔이다. 숙박업을 시작한 것은 1991년. 아라카와 씨의 아버지는 갑자기 '호텔을 해야겠다'고 말을 꺼냈는데, 그때 이미 호텔 건물이 완성되어 있었다고 한다. 당시 아라카와 씨는 20대 초반으로 기계 회사의 영업일을 하고 있었다. 하지만 갑자기 가업이 된 호텔 일을 돕기 위해 다음 해에 회사를 퇴직했다. 호텔을 오픈한 때가 일본 버블 붕괴기라 무척 힘들었다고 한다. 그래도 아라카와 씨의 수완으로 현재 가니고텐은 다시 찾는 손님도 많은 인기 호텔이 되었다.

가니고텐의 두 가지 큰 매력은 다케자키 게와 온

1. 바다가 한눈에 보이는 로비  2. 잡자마자 조리한 다케자키 게  3. 굴구이집도 인기  4. 아시안 스위트의 노천 온천

천이다. '게를 가장 많이 먹을 수 있는 코스 요리'로 주문하자 가장 저렴한 기본 메뉴를 추천한다. 다케자키 게의 맛을 가장 잘 느낄 수 있는 삶은 게를 한 사람당 한 마리씩 주고, 게 솥밥도 나온다.

욕조가 딸린 객실도 있지만, 호텔 안에 있는 '아리아케해의 온천'을 이용하지 않는 것은 아까운 일이다. 노천 온천을 비롯해 넓은 목욕탕, 좌욕실,

미스트 사우나를 갖췄다. 옆에는 대절 노천 온천이 6곳, 대절 반 노천 온천이 2곳 있다. 모두 아리아케해를 바라보며 리조트에 머무는 기분으로 온천을 할 수 있다. 그중에서도 7층에 있는 전망 노천 온천에서 보는 경치가 대단하다. 여기 다라초는 달의 인력이 강한 마을로 알려져 있다. 아리아케해는 몇 시간 만에 간만의 차가 최대 6m나 돼 놀라운 광경을 볼 수 있다. 또한 일출과 일몰, 아

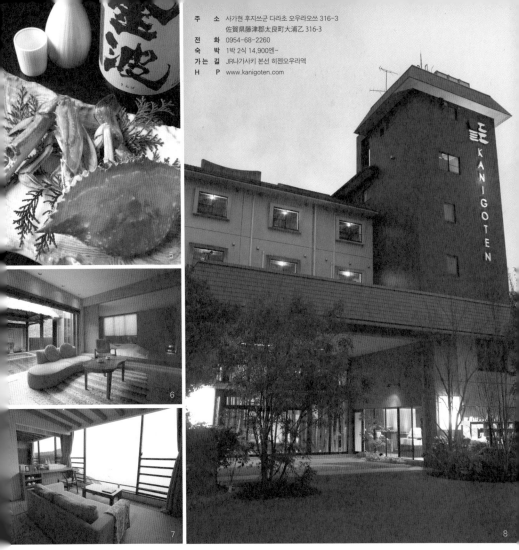

주　소 사가현 후지쓰군 다라초 오우라오쓰 316-3
　　　 佐賀県藤津郡太良町大浦乙 316-3
전　화 0954-68-2260
숙　박 1박 2식 14,900엔~
가는 길 JR-나가사키 본선 히젠오우라역
H　P www.kanigoten.com

5. 게구이도 풍미가 좋다  6. 리조트 분위기가 나는 별실  7. 오션뷰의 본관 객실  8. 해안가에 세워진 호텔

름다운 밤하늘도 만끽할 수 있다. 날씨가 좋으면 전망 노천 온천에서 나가사키현의 운젠산까지 볼 수 있다.

가니고텐은 부지 내에 4개의 별실이 있다. 각각 테마가 있어 타입이 다르다. 노천 온천도 있어서 개방감이 든다. 단골들은 모든 객실에 숙박해보며, 마음에 드는 곳을 찾는다고 한다.

겨울이 되면 아리아케해 주변에서는 도로를 따라 소규모 굴구이집이 늘어선다. 손님이 양동이 가득 담긴 굴을 스스로 구워 먹는다. 이것을 먹으러 많은 사람이 몰려온다. 가니고텐 옆에도 굴집이 생긴다. 굴 외에 다른 해산물과 밥 종류까지 있어 인기가 높다. 혹시 추운 계절에 가니고텐에 묵는다면, 꼭 맛보기를 바란다. 아리아케해에서 자란 게는 다케자키 게와 마찬가지로 맛이 응축되어 있어 진하다.

# 초밥집 쓰쿠타

鮨処 つく田

주 소 사가현 가라쓰시 나카마치 1879-1
佐賀県唐津市中町 1879-1
전 화 0955-74-6665
시 간 12:00~14:00, 18:00~22:00
정기휴일 월요일
가 는 길 JR지쿠히선 가라쓰역
H P tsukuta.9syoku.com

가라쓰에서 맛보는
에도마에 초밥의 정수

| | | | | | | | | | | | | | |

개별실이 하나 만들어졌지만, 역시 초밥은 카운터에서 먹고 싶다. 여기 7석의 카운터에 앉기 위해서 멀리서 많은 손님이 찾는다

'가라쓰唐津'라는 지명은 '당나라로 건너는 나루 (항구)'에서 유래했다고 한다. 규슈 내해에 자리한 이곳은 현해탄의 거친 파도를 맞은 신선한 해산물이 잡히는 어촌이었다.

가라쓰의 서민 동네에 흔한 오래된 상점가 속에 간판을 내건 '쓰쿠타'. 모르면 지나치기 쉬울 만큼 눈에 띄지 않지만, 간토와 간사이 지역에서도 손

님이 오는 유명한 초밥집이다. 초밥 만드는 법은 도쿄 긴자의 '기요타'에서 직접 전수받았다. 그 후 이곳 가라쓰에서 에도마에 초밥을 선보였다.

규슈는 신선한 해산물이 많이 나서, 생선을 잡아 바로 회로 뜨는 것이 가장 맛있다. 하지만 에도마에는 생선을 재우거나 손질해 숙성된 맛을 이끌어낸다. 그래서 처음에는 가라쓰 사람들이 이곳

초밥을 반기지 않았다고 한다. 숙성된 회를 이용하는 에도마에 스타일에 대한 거부감이다. 그러나 숙성된 맛의 초밥이라도 기본적으로 생선이 신선해야 한다. 선도가 떨어진 생선으로 요리하면 제맛을 낼 수 없다. 반대로 생선이 신선하면 에도마에식으로 숙성시켜 먹어도 맛있다.

쓰쿠타의 주인 마쓰오 유이치 씨는 가라쓰 출신이다. 본가도 초밥집으로 형이 가게를 이었다. 마

쓰오 씨는 본가를 돕던 시절, 가라쓰를 대표하는 도예가 나카자토 다카시 씨의 소개로 기요타의 에도마에 초밥과 만났다. 규슈에서 초밥은 갓포 문화(고급 선술집)가 강하다. 하지만, 마쓰오 씨는 회와 초밥으로 승부를 내려고 했다. 도쿄와 가라쓰를 오가며 기술과 에도마에 정신을 배워 가라쓰에 가게를 연 때가 1993년. 카운터 석 7자리만 있는 작은 가게였다. 처음에는 에도마에식을

주인이 특히 맛있다고 하는 가라쓰산 오징어에 단맛이 풍부한 보리새우와 조개 초밥. 단골에게는 제철 채소로 만든 안주가 인기. 그릇은 거의 류타가마

고집하느라 참치 등은 도쿄에서 들여왔다고 한다. 지금은 가라쓰의 식재료로 만든 에도마에 초밥을 제공한다. 생선은 마쓰오 씨가 믿는 생선 가게에서 구입한다. 초밥을 내기 전에 채소로 만든 먹기 편한 술안주도 대접한다. 일본주를 좋아하는 마쓰오 씨 자신이 먹고 싶은 것을 만든다고 한다. 요즘에는 아들도 함께 일하게 되었다.

이곳 초밥의 대단한 점은 변함이 없다는 것이다. 쓰쿠타 특유의 체온에 가까운 밥이 입 안에서 사르르 풀어지며, 초밥 재료의 맛과 어우러진다. 마쓰오 씨는 '가라쓰는 특히 흰 살 생선이 맛있다'고 말한다. 하지만, 새우나 붕장어도 맛있어 감탄이 절로 나온다. 계절마다 재방문하고 싶은 항구 마을의 맛집이다.

기와와 격자 등 곳곳에 일본 건축의 아름다움이 엿보이는 모습

# 요요카쿠

洋々閣

## 곳곳에 스며든 편안한
## 대접을 체험

|||||||||||||||||

노송 정원이 보이는 객실
'히류노마'. 바다가 가까워 기분
좋은 바람이 분다

## 품격 있는 모습에 힐링되다

"가라쓰에 '요요카쿠'가 있다". 이 말처럼 요요카쿠는 일본뿐만이 아니라 전 세계에 팬이 있는 유명한 료칸이다. 많은 시인묵객이 묵었고, 세계적인 프랑스 다이버 고故 자크 마이욜이 사랑해 늘 숙소로 이용한 곳으로 유명하다.

요요카쿠는 메이지 · 다이쇼시대의 흔적이 남은 목조 2층의 순수한 일본식 건물을 숙소로 사용한다. 회유식 정원에는 흑송이 군생하고 있어 아름답다. 오랜 역사를 느끼게 하는 건물은 4대 주인 오코우치 아키히코 · 하루미 부부가 믿음직한 건축가에게 맡겨 선인의 기술을 되도록 보존하면서 요즘 손님도 쾌적하게 쓸 수 있도록 리모델링 했다. 요즘 유행하는 호텔 같은 화려함은 없지만, 역사를 간직한 일본풍 료칸의 모습을 지금도 전하는 곳이다.

저녁은 현해탄의 신선한 해산물로 만든 가이세키 요리다. 전복에 쑤기미, 다금바리 등 테이블에 늘어선 갖가지 맛있는 음식이 입맛을 자극한다. 흑우 샤브샤브도 여행객들이 좋아한다. 이 맛은 다양한 여행 잡지와 여성지에 소개되어 높은 평가를 받았다. 그러나 이곳의 대단함은 설비나 식사만이 아니다. 진정한 매력은 세심한 대접에 있다. 관내의 곳곳에 장식된 예쁜 꽃들. 항상 윤이 나 기분 좋은 복도와 창호. 방에 들어가면 맡을 수 있는 옅은 향냄새, 자연스럽게 놓인 반짇고리. 정중한 접객. 현관, 로비, 복도, 객실, 어디를 가도 편안하다.

이곳을 말할 때 빼놓을 수 없는 것이 '가라쓰쿤치'다. 가라쓰쿤치는 매년 11월 2~4일에 열리는 가라쓰 신사의 가을 대축제로 400년의 역사를 가지고 있다. 주역은 잇칸바리 제법(一閑張り: 점토 원형 위에 종이를 수백 장 붙여 옻칠함)으로 만든 14대의 히키야마(가마의 일종)다. 이 호화찬란한 히키야마를 단체복을 입은 젊은이들이 독특한 구령

흑우 샤브샤브. 황홀하게 맛있다

여름의 맛, 쑤기미 코스. 그릇과 요리에 감탄하게 된다

## 자연스럽게 '고품격'을 가르쳐주는 곳

과 함께 끌고 다니며, 가라쓰 곳곳을 누빈다. 이 축제는 가라쓰 사람들로부터 큰 사랑을 받는다. 일이나 학업으로 가라쓰를 떠난 사람은 설에 귀성하지 않고, 축제 때 돌아온다는 이야기를 자주 듣는다. 이 축제의 명물 요리가 다금바리 조림. 가정마다 축제 기간 중에 다금바리 조림과 다양한 요리를 준비해 친지나 이웃, 친구에게 대접한다. 가라쓰쿤치는 몇 달 전부터 축제 준비에 들어간다. 축제를 위해 큰돈을 쓰게 돼 '가라쓰쿤치 도산'이라는 말까지 있을 정도다.

요요카쿠도 축제 기간에는 모습이 바뀐다. 점심에는 손님이 각자 축제 구경을 하며 보내지만, 밤에는 연회장에 모두 모

늘 상냥한 료칸 오너 오코우치 아키히코 · 하루미 부부

여 큰 연회를 벌인다. 축제 연회는 마음껏 즐겨도 된다. 요요카쿠가 준비한 커다란 다금바리 조림을 중심으로 요리가 준비된다. 일본 각지에서 모인 손님은 모르는 사람끼리 자기소개를 하고, 노래하고 춤추며 떠들썩한 시간을 보낸다. 처음에는 우아한(?) 요요카쿠의 손님들은 좀처럼 떠들지 않는다. 그럴 때 솔선해서 분위기를 띄우는 사람들이 있다. 늘 단아하게 접객을 하던 직원들이다. 오너 부부도 함께 손님과 담소를 나누고, 연회를 즐긴다. 첫 방문, 단골, 일이나 나이 모두 상관없이 술잔을 나누며, 성대하게 마시고 웃는다. 축제에 참여한 젊은이와 지역 상인 등 지역 주민들도 대거 연회에 얼굴을 비춘다. 이렇게 축제 연회는 밤늦게까지 이어진다.

다음날 아침 식사 자리에서 직원들이 "어제는 너무 풀어져서 부끄럽네요", "사장님께 혼나겠어요"라며 얌전한 모습을 보이지만, 손님들은 모두

11월 2~4일 열리는 가라쓰쿤치에는 료칸도 축제에 동참한다. 10kg이 넘는 다금바리 조림이 떡하니 등장했다

다이쇼시대부터 변함없는 현관. 깨끗이 청소하고 물을 뿌리는 젊은 주인, 오코우치 마사야스 씨

알고 있다. 그녀들이 없으면 그 연회가 그만큼 흥이 나지 않았을 것을. 이렇게 몇 년이나 요요카쿠의 축제 연회가 이어지니 모두 기대하며 내년 예약을 하는 것이다. 이러한 자리를 통해 오코우치 부부의 됨됨이도 알 수 있다. 품격 있는 료칸임에도 의외로 사근사근하다든가, 꽤 장난스러운 면도 있고, 박식하며, 여러 가지 일에 깊은 견해를 갖고 있다. 어학 능력도 뛰어나다. 무엇보다 각별한 접대 정신이 있다. 요요카쿠는 료칸이지만, 해마다 몇 번씩 이벤트를 연다. 12월 모일, 기타리스트의 콘서트에 참석했다. 콘서트라고 해도 료칸 내의 설비는 간단했고, 테마에 맞춘 재치 있는 간단한 식사가 준비되었다. 해가 질 무렵 조명을 줄인 회장에 등장한 기타리스트 뒤에는 불을 켠 소나무 정원이 펼쳐졌고, 그 아름다움이 기타 소리와 더불어 마음을 울렸다. 손님과 아티스트의 거리가 가까워서 따스함이 느껴지는 콘서트였다. 이 시간과 공간을 만들어내는 것이 요요카쿠식 환대일 것이다. 그 마음은 4대에서 5대로 이어지려 하고 있다. 다시 요요카쿠를 찾는 날, 변함없는 모습으로 우리를 맞이해주기를.

주　소　사가현 가라쓰시 히가시가라쓰 2-4-40
　　　　佐賀県唐津市東唐津 2-4-40
전　화　0955-72-7181
숙　박　1박 2식 18,360엔~
가는 길　JR지쿠히선 히가시가라쓰역 혹은 가라쓰선 가라쓰역
H　P　www.yoyokaku.com

# 20

# Monohanako

모노하나코

옷을 갈아입듯 그날의 기분
따라 쓰고 싶은 그릇

IIIIIIIIIIIIIIIIIIII

파트너 프릴리 씨(사진 오른
쪽)와 완성된 도자기를 체크
하는 하나코 씨. 작품 제작부터
사무까지 스스로 처리한다

나카자토 하나코 씨는 가라쓰
를 대표하는 도예가이자 세계
적으로 활동하는 나카자토 다
카시 씨의 차녀로, 다네가섬에
서 태어나 가라쓰에서 자랐다.
그녀가 16세 때 혼자 미국으로
떠난 이유는 규슈 주니어 챔피
언이 된 테니스 실력을 키우기

위해서였다. 그녀는 테니스 중심의 고등학교 생
활을 마친 뒤 스미스 미술대학에 진학했다.
하나코 씨는 24세에 귀국해 아버지가 하는 공방
'류타가마'에서 도예 수련을 시작했다. 다른 제자
와 마찬가지로 잡일부터 했다. 청소와 흙반죽, 장
작패기 등 힘든 일을 해내며, 이른 아침과 한밤중
에 자신을 위한 물레 연습도 거듭했다. 이때 수련
한 것이 현재로 이어진 것은 확실하다. 약 3년의
수련 끝에 긴자에서 부녀전을 열며 도예가로서
좋은 출발을 했다. 그러나 하나코 씨의 마음은 미
국에 있었다, 그래서 다시 미국으로 갔다. 미국인
도예가 말콤 라이트의 공방에 들어갔다. 일본에
서 개인전을 열어 많은 팬이 있었지만, 미국에서
작품을 만들어 보내는 생활을 계속했다.
하나코 씨가 가라쓰에 공방 'Monohanako'를 만
든 것은 2006년. 공방 이름은 영어로 '하나'라는
의미의 mono와 일본어로 물건을 뜻하는 '모노物'

를 중의적으로 사용해, 하나의 뜻에 얽매이지 않고 다양한 그릇의 쓰임새를 즐기기를 바라는 마음을 담았다.

하나코 씨의 공방은 깊은 산 고지대에 있다. 공방은 도자기, 가마터, 전시 공간으로 나뉘어 있다. 그리 넓지 않지만 깔끔하게 정리돼 있어 일하기 편할 듯하다. 가라쓰에 있을 때는 여기서 대부분의 시간을 보낸다고 한다.

물레 앞에 앉은 하나코 씨의 손놀림은 놀랄 만큼 빨랐다. 한 덩어리의 흙이 순식간에 그릇의 형태로 변해갔다. 하나코 씨는 질문에도 편안하게 대답하면서, 손은 일정한 리듬으로 계속 움직였다. 매달 개인전을 열 수 있는 것은 이런 기술과 속도 덕분일 것이다.

"그릇은 쓰는 물건이지, 장식하고 즐기기만 하는 예술이 아닙니다. 그렇다고 기능과 실용적인 면만 강조하는 것도 옳지 않다고 생각합니다."

하나코 씨가 만든 그릇은 만드는 사람의 센스와 개성이 느껴져 쓰는 사람도 즐겁다. 또 포름과 질감, 색깔 등 하나코 씨 특유의 독창성은 쓰는 사람의 상상력을 자극한다. 이 그릇에 무엇을 담을까. 그릇에 어울리는 새로운 레시피에 도전해볼까. 그런 것을 이것저것 상상하게 하는 그릇이다.

하나코 씨는 "그릇은 패션에 가깝다"고 말한다. 계절이나 그때의 분위기에 맞춰 입는 옷을 바꾸듯 그릇의 쓰임새를 궁리함으로 일상이 더욱 재미있어진다. 정말 멋을 사랑하는 하나코 씨답다.

주　소　사가현 가라쓰시 미루카시 4838-20
　　　　佐賀県唐津市見借 4838-20
전　화　0955-58-9467
가 는 길　JR가라쓰역에서 차로 13분
H　P　www.monohanako.com

※공방 겸용 전시실 방문은 창작 기간이거나 작가가 없는 경우도 많으므로, 사전에 확인 필수. 또한 취급 가게와 개인전 스케줄, 공방을 개방하는 이벤트 등은 홈페이지에 공지.

# 카스테라 부라부라
カステラぶらぶら

'나만의 카스테라'를 찾아
나가사키의 좁은 길을 타박타박
||||||||||||||||||||

선물용 카스테라. 종잡을 수 없을 만큼 다양하다. 오른쪽은 후쿠사야 1호. 상자에 든 것은
쇼오켄(松翁軒)의 특선 카스테라(오~래 된 일본의 최고급 설탕-과 말차). 그 밖에
맛은 비슷하다.

## 나가사키 사람을 따라 '카스틸라' 산책

나가사키 선물이라 하면 누구나 떠올리는 것이 카스테라 아닐까. 지역 주민에게 물으니 나가사키 사람끼리도 선물하면 좋아하는데, "어디 걸 좋아해?"라고 물으면 바로 좋아하는 가게의 맛을 행복하게 설명한다. 소문에는 카스테라 맞추기를 즐기는 사람들도 있고, '촉촉한 계열은 이 가게', '요즘 바닥의 자라메(알이 굵은 설탕)가 적어진 것 같아'라며 서로 평가한다고 한다. 나가사키 사람에게 카스테라가 맛있는 것은 당연하고, 그 이상을 매일 탐구하는 자세를 보이고 있으니 만드는 사람은 방심할 수 없다.

나가사키 카스테라는 무로마치시대(1336~1573)에 포르투갈 사람이 전해준 뒤 오랜 세월에 걸쳐 나가사키 사람

만게쓰도 명물인 복숭아 카스테라는 보기에도 통통하고 귀여우면서 맛도 좋다. 히나마쓰리 시기에는 예약하지 않으면 살 수 없다

의 입맛에 맞춰 변형되어온 지역 디저트. 나도 카스테라를 무척 좋아해서 나가사키 여행에서 '카스테라 부라부라(어슬렁어슬렁)'에 도전해봤다. 그러나 하루에 갈 수 있는 가게는 한정되어 있다. 그래서 나가사키 시내의 맛집 취재 시 반드시 의견을 묻는 다도가 W선생님에게 카스테라 가게 선택을 맡겼다. 항상 기품 있는 미인인 W선생님은 언젠가 시중에서 호평 받는 '복숭아 카스테라' 약 50가지를 먹고 비교해본 적이 있는 분

카스테라 전문가 W선생님은 요리 솜씨도 절묘하다

이다. 참고로 '복숭아 카스테라'는 나가사키에서 3월 3일에 열리는 히나마쓰리에 판매하는 축하용 디저트다. 복숭아 모양의 카스테라가 귀여

워서 요즘에는 1년 내내 인기라고 한다. 빵 위에 설탕으로 만든 장식을 얹는데, 달콤함이 일반 카스테라보다 몇 배나 강하다. 여담이지만 옛날 나가사키 이외의 규슈 지역에서는 설

숙성된 설탕시럽이 배어든 뒤에도 맛있다

탕을 적게 넣은 요리를 낼 때 '나가사키에서 멀어서'라는 말을 덧붙여 손님을 접대했다고 한다. 설탕을 많이 쓰는 것이 풍요로움과 행복의 상징이던 시절이 있었다.

아무튼 '카스테라 부라부라'를 떠나보자. W선생님의 지도를 받아 5곳으로 줄였다. 전국에 알려진 노포 2곳('분메이도 총본점'과 '후쿠사야 본점'),

그리고 지역에서 인기 있는 가게 3곳('만게쓰도', '이와나가바이유켄', '뉴욕당')이 선택됐다.

노포에서는 역사가 느껴지는 내부를 감상했다. 이와나가바이유켄과 뉴욕당에서는 나가사키의 평소 모습을 볼 수 있는 상점가의 샛길과 데라마치(절이 밀집된 구역)거리를 활보했고, 옛 절의 정원을 감상하는 등 정처 없이 걷는 여행에는 최고의 코스였다.

예상치 못한 행운은 뉴욕당에서 살짝 보여준 카스테라를 만드는 현장이다. "지금 카스테라 붐이 일어난 것 같습니다"라며 친절하게 맞이해준 사람은 2대 사장인 마쓰모토 도요하루 씨. 그의 파티세 경력은 무려 50년! 뉴욕당이라는 근사한 이름은 창업자가 제빵 일을 배우며 23년을 산 뉴욕에서 유래하였다. 그가 일한 곳은 미국의 양과자와 아이스크림이 맛있는 집이다. 카스테라는 분류상 화과자에 속한다. 마쓰모토 씨는 양과자점에서 일을 배웠지만 젊은 시절 화과자 장인 밑에

**[ 뉴욕당의 카스테라 만들기 ]**

1. 밀가루, 달걀, 꿀, 설탕, 자라메 설탕. 검증된 신선한 재료를 쓴다 2. 나무틀에 유산지를 깔고 반죽을 붓는다. 뉴욕당의 특징은 반죽 안에 자라메 설탕을 섞는 것 3. 오븐으로 굽는 동안 거품을 제거하여 반죽을 균일하게 만든다. 불 조절 능력이 장인의 실력을 증명한다 4. 약 1시간이면 완성. 잘라서 하룻밤 재운다. 진하고 달콤한 맛이 카스테라 전체에 퍼져 맛있어진다

나가사키의 가정에서는 이런 카스테라 레시피도 있다. 과일 샌드위치는 카스테라를 얇게 썬다. 크림은 요구르트와 생크림을 섞는다. 프라이팬에 버터를 다소 많이 녹여 작게 자른 카스테라를 구우면 프렌치 토스트 느낌이 난다

서 수행한 적이 있었다. 그런 기억을 되살려 45년 만에 시행착오를 거쳐 카스테라를 굽기 시작했는데, 이것이 금세 인기 상품이 되었다고 한다.

"6년 전 카스테라 아이스를 만들면서 구입해주신 분에게 덤으로 아이스크림에 쓴 카스테라 조각을 나누어줬습니다. 그랬더니 더 먹고 싶으니 카스테라를 상품화해달라는 손님이 많았습니다."

달콤한 냄새가 자욱한 곳에서 마쓰모토 씨의 작업을 관찰했다. 재료를 섞어 반죽을 만들고, 나무틀에 부은 다음 오븐 속으로 넣는다. 불이 균등하게 닿도록 중간중간 살피고 있어서 초보의 눈에도 카스테라의 색 조절이 섬세한 작업임을 알 수 있었다. "카스테라 만들기는 1인1색입니다. 좋든 나쁘든 만든 사람의 버릇이 드러납니다." 즉, 레시피가 같더라도 만드는 사람의 숫자만큼 카스테라가 다르다는 뜻이다.

어슬렁어슬렁 카스테라 구입을 즐겼다면, 마지막

카스테라만 먹는 것에 질렸다면 굽거나 끼우자. 변형은 자유!

은 먹는 법이다. 나가사키의 가정에서는 역시 남다르게 카스테라를 먹는다고 한다. '초등학생 시절부터 카스테라를 받은 다음날 아침에 우유에 적셔 먹는다'라든가, '한 조각을 호쾌하게 바게트처럼 떼어내서 민속주와 함께 먹는다'는 말도 있다. W선생님의 경우는 이렇다.

"카스테라만 먹는 것이 질리면, 나머지는 버터에

이와나가바이유켄과 뉴욕당 근처의 데라마치 산책길. 추천은 도메이잔 고후쿠지(東明山 興福寺). 운치 있는 건물과 정원에서 느긋하게 보내기를!

구워 프렌치 토스트처럼 먹거나, 요구르트 소스를 발라 과일을 끼워 과일 샌드위치로 만들어 먹어도 됩니다. 카스테라를 스펀지 케이크라고 생각하면 다양하게 만들 수 있어요."

카스테라 왕국의 사랑받는 카스테라는 너그러운 맛이 매력임을 깨달았다.

## '카스테라 부라부라' 방문한 가게

### 분메이도 총본점
### 文明堂総本店

전국에서 유명한 카스테라 가게의 본가 노포. 접객이 정중하며, 계절 한정품 등의 화과자도 인기가 있다.

주　　　소　나가사키현 나가사키시 에도마치 1-1
　　　　　　長崎県長崎市江戸町 1-1
전　　　화　0120-24-0002
시　　　간　08:30~19:30
정 기 휴 일　연중무휴
가 는 길　나가사키 전기궤도 오하토역
H　　　P　www.bunmeido.ne.jp

### 후쿠사야 본점
### 福砂屋·本店

당당한 분위기가 흐르는 본점에서 쇼핑 체험을. 유리공예 전시 코너도 꼭 보자.

주　　　소　나가사키현 나가사키시 후나다이쿠마치 3-1
　　　　　　長崎県長崎市船大工町 3-1
전　　　화　095-821-2938
시　　　간　08:30~20:00
정 기 휴 일　연중무휴
가 는 길　나가사키 전기궤도 시안바시역
H　　　P　www.castella.co.jp

### 만게쓰도
### 万月堂

80대 주인의 장인 혼이 깃든 카스테라에 열렬한 팬이 많다. 접근하기 편한 위치는 아니지만 가볼 가치가 있다.

주　　　소　나가사키현 나가사키시 아타고 2-7-10
　　　　　　長崎県長崎市愛宕 2-7-10
전　　　화　095-822-4002
시　　　간　09:00~20:00
가 는 길　나가사키 버스 아타고버스정류장

### 뉴욕당
### ニューヨーク堂

이와나가바이유켄과 같은 상점가 거리에 있다. 카스테라는 물론이고 지역에서 큰 인기인 카스테라 아이스도 맛보기를.

주　　　소　나가사키현 나가사키시 후루카와마치 3-17
　　　　　　長崎県長崎市古川町 3-17
전　　　화　095-822-4875
시　　　간　10:00~18:30
가 는 길　나가사키 전기궤도 니기와이바시역
H　　　P　www.nyu-yo-ku-do.jp

### 이와나가바이유켄
### 岩永梅寿軒

1831년에 창업한 노포. 카스테라는 거의 수주 생산으로 가게 판매량도 맨진일 때가 많아 예약하는 게 확실한 방법.

주　　　소　나가사키현 나가사키시 스와마치 7-1
　　　　　　長崎県長崎市諏訪町 7-1
전　　　화　095-822-0977
시　　　간　10:00~20:00
가 는 길　나가사키 전기궤도 니기와이바시역

# 브레드 어
# 에스프레소

Bread A Espresso

아침 식사나, 간식이 필요할 때
다니고 싶어지는 세련된 가게

|||||||||||||||||||||

빵은 하드 계열, 세미하드 계열이 대부분. 어른도 아이도 즐겁게
고른다

오픈은 아침 7시 반. 눈에 띄는 간판도 없는 가게
에서 행복한 얼굴로 나오는 사람을 보고 호텔 조
식을 안 먹어서 다행이라며 빙그레 웃었다. 가게
안은 심플하지만 구석구석 센스가 느껴졌다. 아
침 햇살 속에 카운터에 진열된 하드 계열 빵을 고
르고, 에스프레소를 마시고…. 마치 유럽의 파리
에 있는 듯한 기분이 들었다.
좋아하는 에스프레소를 계속 들이기 위해 견인
역할을 해줄 빵을 굽자. 그런 사업계획을 세우고
2011년에 가게를 열었다. 그러나 애초 계획은 '반
가운 오산'이었다. 예상과 달리 빵이 더 인기를 끌
었다. 주인 모리나가 아스카 씨는 공동 운영자이
자 빵 제조 담당인 시바하라 료 씨와 의논해 오픈
3년째 되는 봄, 도쿄에서 빵 연수를 받기 위해 약
4개월간 휴업했다. 순조롭던 가게 운영을 중단하
면서까지 제빵에 도전했다. 이들이 노력하는 모
습을 보고 '마음껏 도전하라'며 지켜본 팬이 적지

않았다. 다시 오픈하자 인기가 여전했다. 특히,
주말에는 점심이 지나면 빵이 매진되는 일이 많
았다.
그리고 잊어서는 안 될 것이 주인이 신경 쓴 에스
프레소. 기후의 스페셜티 커피 전문점에서 들여
오는 원두는 계절마다 달라지고, 매일 미세하게
맛이 달라진다고 한다. "오늘 에스프레소는 카페
라테에 어울린
다든가. 그날
에 맞춰 즐기
는 법을 전하
고 싶습니다!"
우리 집 근처
에 있으면 좋
겠다는 생각이
드는 가게다.

| 주　　소 | 나가사키현 나가사키시 고토마치 6-3 |
| --- | --- |
| | 長崎県長崎市五島町 6-3 |
| 전　　화 | 095-823-6078 |
| 시　　간 | 07:30~18:00 |
| 정기휴일 | 화~목요일 |
| 가는 길 | 나가사키 전기궤도 고토마치역 |
| H　　P | www.facebook.com/bread-A-espresso-213331375377931 |

# 가라스미 자야
# 나쓰쿠라
からすみ茶屋 なつくら

나마 가라스미 정식과
민속주를 즐기는 점심
IIIIIIIIIIIIIII

나가사키 민속주에 안주 하나를 곁들여서. 살짝 취할 수 있는 행복한 점심상에 감사하다

1. 나마 가라스미 정식(1,000엔). 반찬은 계절마다 바뀐다. 나마 가라스미는 노포 마쓰쿠라쇼텐의 것을 쓴다. 나마 가라스미는 나가사키 사람의 밥상에 친숙한 음식으로, 회에 간장 대신 먹거나, 파스타나 중화요리에 쓰기도 한다 2. 디저트는 고토의 명물 칸코로 떡 3. 작은 입구를 놓치지 말자

따스한 미소를 짓는 가게주인 나쓰코 씨는 육수를 제대로 내어 깊은 맛이 나는 요리를 만든다. 일러스트레이터로도 활약. 가게에서는 그릇이나 민속주 등의 기획전도 열린다

나가사키의 상징적인 명소 메가네바시 거리에 2014년 6월 아담하고 맛이 깊은 정식집 '가라스미 자야 나쓰쿠라'가 탄생했다.

시작은 이곳에서 카페를 운영하던 친구가 가게를 그만두겠다고 한 것이었다. 친구가 내려주는 커피와 이 공간을 사랑해 매일같이 드나들던 나쓰코 씨는 가게를 자신이 운영하겠다고 결단했다. 무슨 가게를 할 것인지 함께 의논한 사람은 늘 신

세를 지던 나가사키 나마 가라스미 맛집 '마쓰쿠라'의 여주인이다. 이 분도 마침 가게를 닫을 계획이라 자신의 비법을 전수해주겠다고 했다. 그의 경험과 비법을 이어받아 지금 가게가 탄생했다.

취재 당일 점심은 간판 요리 '나마 가라스미 정식'을 먹었다. 뜨끈뜨끈한 흰 밥에 참마를 갈아 올리고, 그 위에 나마 가라미스를 올린 요리다. 가라스미는 숭어알을 소금에 절여 말린 진미다. 하지만, 나마 가라스미를 만드는 법은 조금 다르다. 소금에 절인 뒤 말리지 않고 술지게미에 담가 숙성시킨다. 참마를 올린 밥에 나마 가라스미의 짠맛과 고급스러운 맛이 어우러져 정말 맛있다. 또 조금씩 곁들여 나온 반찬도 모두 깊은 맛이 나서 민속주가 잘 어울렸다.

단골로 보이는 예쁜 여성은 "이곳에 오면 〈오니헤이 한카초〉의 주인공 헤이조가 된 기분이 든다"고 했다. 그는 또 자신처럼 혼자 와서 호로록 한 잔 마시고 쉬다 가는 사람도 있다고 했다. 아아, 나가사키에 사는 사람이 부럽다.

주　소　나가사키현 나가사키시 요로즈야마치 2-3 長崎県長崎市万屋町 2-3
시　간　09:00~17:00
정기휴일　일요일, 공휴일
가는 길　나가사키 전기궤도 니기와이바시역
H　P　www.facebook.com/からすみ茶屋-なつくら-1438968489708357

※휴일이나 기획전 등의 정보는 페이스북에서

# 히후미테이
一二三亭

꾸밈없이 따뜻하게.
나가사키 정서와 향토 요리를 맛보다

|||||||||||||||||||||||||||

주　　소　나가사키현 나가사키시
　　　　　후루카와마치 3-2
　　　　　長崎県長崎市古川町 3-2
전　　화　095-825-0831
시　　간　11:30~14:00, 17:00~23:00
정기휴일　부정기
가 는 길　나가사키 전기궤도 니기와이바
　　　　　시역 '니쓰쿠라'(p.70)와 같은
　　　　　거리, 메가네바시 근처

나가사키 정서가 느껴지는 실내. 둥근 테이블은 배의 키

싯포쿠 요리 가운데 하나인 소고기 완자 '규칸'도 인기

'여행하며 한 끼는 나가사키다운 맛을 먹자'고 했을 때 이 노포만큼 중요한 곳이 없다.
나가사키에는 유흥가 문화와 역사적 배경에서 탄생한 향토 요리 '싯포쿠卓袱'가 있다. 이 요리는 비싼 고급 요정에서 코스로 나오는 경우가 많다. 하지만, '히후미테이'에서는 적당한 가격에 즐길 수 있다.

테이블에 앉아 싯포쿠의 기본 요리 '규칸(소고기 완자)'과 '돼지 장조림' 등을 하나씩 주문했다. 그러자 주변 단골들이 '그건 마지막으로 주문하라'며 단단히 일렀다. 그렇다. 이 가게는 향토 요리도 대단하지만, 절대 놓쳐서는 안 될 명물이 '오지야(죽)'이다.
오지야는 가다랑어와 다시마 육수에 소화가 잘되고, 몸에 좋은 참깨, 쪽파를 그릇이 넘치도록 가득 올린다. 후루룩 먹으면 몸속까지 정갈해지는 맛이다. 히후미테이는 유흥가의 밥집으로 1896년 창업했을 때부터 한량들의 입맛을 사로잡았다. 이 가게의 수많은 명물 요리 중에서도 오지야는 무려 50년이나 이어졌다.
"술을 마시고 라면이나 짬뽕으로 마무리하기는 힘든 나이 드신 손님을 위해 생각한 메뉴입니다. 그런데 마무리도 좋지만, 술안주로도 좋다는 사람도 있어요." 확실한 솜씨로 향토의 맛을 꾸준히 지켜온 4대 주인 오자키 이타루 씨가 빙그레 웃는다. 오지야에서 다시 손이 술잔으로 간다. 나가사키의 밤은 깊고 편안하다.

4대 주인 오자키 이타루 씨. 성실한 인품이 요리에 드러난다

특제 '오지야'. 흰 죽 위에 간 참깨, 노른자 푼 것,
다진 파의 색 조합이 훌륭하다!

# 가리미즈안

刈水庵

과거에 현재를 더한
생활 갤러리의 조합

||||||||||||||||||||

| 주 소 | 나가사키현 운젠시 오바마초 |
|---|---|
| | 기타혼마치 1011 |
| | 長崎県雲仙市小浜町北本町 1011 |
| 전 화 | 0957-74-2010 |
| 시 간 | 10:00~17:00 |
| 정기휴일 | 수요일 |
| 가는 길 | 나가사키 이사하야 인터체인지에서 |
| | 운젠 방면으로 자동차로 약 40분 |
| | ※오바마 마린파크에서 도보 약 10분 |
| H P | www.karimizuan.com |

운젠시 오바마 온천 옆. 자동차가 들어갈 수 없는 '가리미즈안'으로 이어지는 좁은 언덕길을 어슬렁거렸더니, 동네 주민들이 "어디 가요?", "데려다 줄까?" 하며 몇 차례 물었다. 왠지 기분이 좋다. "주변 경치, 사람과 만나며 즐겁게 헤매는 시간도 좋지 않을까 해서 숍 간판도 작아요(웃음). 온천이 있고, 용수도 있지요. 가리미즈는 예쁜 부분이 소박하게 남은 시골이에요." 도시에서 이주했다

는 가리미즈안 직원 야마자키 기슈 씨가 이곳에 대한 애정을 가득 담은 숍의 내력을 알려주었다. 빈집이 흩어져 있는 쇠락한 마을이던 이곳을 많은 사람들이 찾게 된 것은 가리미즈안 때문이다. 이 숍을 만든 사람은 디자이너 시로타니 고세이 씨. 행정부와 대학, 아티스트가 연계해 지역 활성화 프로젝트로 가리미즈 마을을 조사하게 되었는데, 그 프로젝트를 실행할 활동 거점으로 2013년

이 숍&카페를 오픈했다고 한다. 본래 목수가 살던 집을 리노베이션 했다.

1층에는 시로타니 씨가 이끄는 디자인 팀이 만든 그릇과 지역의 수공예품, 외국에서 발견한 앤티크 잡화에 동네 할머니들이 고를 만한 적당한 가격의 주방용품이 있다.

2층은 일본식 방에 모던한 인테리어 가구와 한국 전통민예품이 조화를 이룬 카페. 바다가 보이는 자리에서 여유롭게 차를 마실 수 있어 한마디로 기분 좋은 공간이다.

디자인의 힘으로 삶을 윤택하게 한다. 반대로 지역생활에 단단한 뿌리를 박았기에 다채로운 디자인이 탄생할 수 있었다. 가리미즈안의 지향점은 시로타니 씨의 삶에도 드러난다. 그는 밀라노에서 디자인 일을 한 뒤, 일본에서 활동하게 되었을 때도 도쿄 등 도심이 아니라 고향 나가사키에 기

1층 갤러리에는 공예품과 민예품, 시로타니 씨가 작업한 식기를 전시한다. 가리미즈안 근처에 있는 맛있는 약수는 카페의 차에도 이용된다

반을 두고 했다.

최근 시로타니 씨의 활동에 감화되어 다른 빈집에 염색 작가와 요리사의 아틀리에가 생겨 커뮤니티도 활성화되고 있다. 또한, 연 2회쯤 열리는 이벤트 '가리미즈 디자인 마켓'은 회가 거듭될수록 마을에 입소문이 퍼지고 있다.

"처음에는 출품자 5명에서 시작했는데, 지금은 40명 정도 참가합니다. 작가와 레스토랑 외에 마을 할머니들도 돈지루(돼지고기 된장국) 같은 것을 만들어 참가하고 있습니다." 야마자키 씨의 말이다.

작가도, 지역 주민도, 여행객도 자연스럽게 마주치는 시간. 컬처 빌리지의 폭이 다채롭게 펼쳐지고 있다.

# 운젠 관광호텔
雲仙観光ホテル

모리스의 벽지가 어울리는
클래식 호텔

클래식한 조명과 잘 어울리는 윌리엄 모리스의 벽지

드라마틱한 외관.
이 앞에 설 때부터
클래식 호텔로의
여행이 시작된다

## 아름다운 레트로 디자인이 가득

늘 가보고 싶던 운젠 관광호텔에 처음 묵었을 때, 그 클래식한 스타일과 중후함에 감격한 기억이 난다. 역사가 쌓인 공간만이 지닌 품격이 무엇과도 바꿀 수 없는 느낌이었다. 지금까지 여러 잡지에서 봤지만, 실제가 훨씬 대단했다.

이 호텔을 통해 운젠의 역사도 알았다. 운젠은 메이지시대 이후 국제적인 쉼터로 많은 외국인이 몰렸다. 2차세계대전 전의 운젠은 조계(치외법권의 외국인 거주지)였던 상하이와 홍콩에서 피서와 추위를 피해 찾는 휴양지였다. 일본 정부는 1932년 외화 획득을 위한 국책사업으로 일본 각지에 외국인을 위한 15곳의 호텔을 짓기로 했다. 그 일환으로 좋은 온천이 있어 외국인이 많이 찾는 운젠에도 양식 호텔 건설 허가가 내려졌다. 외국인 피서지로서 운젠의 황금기는 1932년부터 10년간이라고 한다. 그사이 1934년 3월 세토 내

해가 기리시마와 함께 일본의 첫 국립공원으로 지정되어 국내외에 운젠의 이름이 알려졌다. 운젠 관광호텔은 1935년 개업했다. 3,200평 부지에 스위스 샬레 양식을 도입한 빨간 지붕, 통나무, 돌바닥을 깐 산장풍 건축물이다. 건물은 지상 3층, 지하 1층으로, 객실 61개 외에 메인 다이닝, 바, 도서실, 이발소, 당구장, 온천까지 쾌적하게 머물기 위한 시설이 갖춰져 있다.

그러나 2차세계대전이 발발하면서 호텔은 군대의 징용 시설이 되었다. 전쟁 후에는 주둔 미군이 접수해 휴가용 호텔로 이용했다. 미군 접수가 해제되어 영업을 재개한 것은 1950년이다. 그로부터 반세기가 지났지만 운젠 관광호텔은 변함없는 모습으로 관광객을 맞고 있다. 다만, 노후화와의 싸움은 어쩔 수 없다. 역사가 오래되면 낡기 마련이고, 여러 가지 불편함도 생긴다. 이에 10년에 걸친 대규모 리뉴얼을 실시해 2014년 다시 태어났다. 등록유형문화재에 등록된 스위스 샬레 양식의 산장풍 건축물은 개업 당시의 모습을 그대로 두고, 편의성과 쾌적성을 높였다.

창업 당시부터 쓰인 장식품과 조명 등 인테리어에 리뉴얼로 새롭게 더해진 것이 19세기 공예 디자이너 윌리엄 모리스의 벽지다. 윌리엄 모리스는 현대에도 인기 있는 디자이너로, 그가 디자인한 벽지를 사용한 건물을 종종 볼 수 있다. 그러나

온천의 욕조도 서양식으로 우아하다. 온천에서는 유카타도 가능

이 호텔만큼 모리스의 벽지가 어울리는 곳은 없을 것 같다. 마치 계속 그래왔던 것처럼 호텔과 벽지가 조화를 이루며, 클래식 호텔다운 세련됨을 완성한다.

또한, 객실 수를 일부 줄이고 방의 면적을 넓혀 객실의 안락함도 높였다. 숙박해보니 정말 쾌적한 호텔이 되었다는 실감이 났다. 와이파이가 잘 터지는 것도 기쁘다.

쾌적함만 따진다면 도심의 호텔과 다를 바 없다. 그래도 클래식 호텔다운 분위기는 여전하다. 체류형 호텔로서의 시설은 옛날 그대로다. 지금도 도서실에서 여유롭게 잡지를 보거나 책을 읽는 등 영화의 한 장면처럼 지낼 수 있어 좋다.

이 호텔의 상징 다이닝 룸은 100평이 넘는다. 천

## 이국적인 공간에서 느끼는 복고풍 모던

1. 손잡이나 벽에 장인이 손도끼로 깎은 흔적이 남아 있다 2. 운젠 퀴진의 한 접시. 2014년 리노베이션 후에는 일본식 레스토랑도 오픈했다

장의 높이는 약 5m다. 전쟁 전에는 댄스파티가 개최되기도 했다. 여기서 먹을 수 있는 요리는 정통 프렌치와 운젠의 식재료가 융합된 '운젠 퀴진'이다. 잘 차려입고 맛보고 싶은 요리다.

운젠의 온천도 잊어서는 안 된다. 운젠의 온천은 연기가 피어오르는 '지옥 온천'이다. 자연적으로 솟아나는 온천수는 이용한 뒤 다시 흘려보낸다. 보수한 돔형의 천장과 스테인드글라스, 바닥에 깔린 아르데코풍 타일은 클래식 호텔다운 목욕탕을 보여준다. 노천 온천과 가족탕도 있어서 운젠의 온천을 만끽할 수 있다. 물론 스파도 있다. 어디서 사진을 찍어도 그림이 되는 만족스러운 호텔 휴식. 번잡한 일상을 잊고 시간 여행을 떠나보는 것은 어떨까.

주　　　소　나가사키현 운젠시 오바마초 운젠 320번지
　　　　　　長崎県雲仙市小浜町雲仙 320番地
전　　　화　0957-73-3263
숙　　　박　1박 2식 21,500엔~
가 는 길　JR나가사키 본선 이사하야역
　　　　　　※나가사키공항, 이사하야역에 셔틀 운행 (예약 필수)
H　　　P　www.unzenkankohotel.com

앞쪽 큰 접시가 다금바리[회]. 안쪽 작은 접시가 미식가들이 열광하는 도구를 데친 것

여주인 히라야마 히로미 씨. 섬 부흥에도 열정적이라 전국에 발송할 수 있는 상품 개발에도 참여하고 있다. 홈페이지에서 소개된 이키의 식재료를 이용한 상품은 모두 주인의 아이디어에서 탄생했다

# 이키섬 깊은 곳의
# 천년 온천
# 히라야마 료칸

奥壱岐の千年湯 平山旅館

## 명물 여주인의 저녁 식사,
## 아침 식사

||||||||||||||||||||||

현해탄에 뜬 아름다운 이키섬은 하카타항에서 고속선을 타고 약 70분 걸린다. 이키섬은 중국 대륙과 한반도, 일본을 잇는 바다의 거점으로 번영한 섬이다. 풍부한 해산물은 물론이고, 소고기와 쌀 등 다양한 식재료가 난다. 섬을 찾는 관광객들은 싱싱한 해산물을 한껏 기대하고 배를 탄다.

창업 66년째인 온천장 '히라야마 료칸'은 미식가들에게 열렬한 지지를 받는 곳이다.

저녁 시간이 되면 식탁 위에 다 먹지 못 할 만큼 많은 요리가 나오는데, 이곳에서는 익숙한 풍경. 양만 많이 나오는 게 아니다. 이 섬에서 나는 엄선한 식재료만 써서 맛도 더할 나위 없다. 봄에는 도미, 벤자리, 잿방어, 성게알이 이어서 나온다. 성게는 껍데기가 붙어 나와 놀라는 일도 있다. 가을에는 가다랑어, 고등어, 겨울에는 삼치, 겨울방어 등이 나온다.

가을도 깊어지는 10월 무렵이 되면 다금바리를

먹으러 단골들이 예약을 한다. 다금바리 요리의 진면목은 한 마리를 통째로 맛볼 수 있다는 점이다. 담백한 살은 회나 샤브샤브로, 그 외의 부위는 '도구'라 부르며 데치거나 전골에 넣어 먹는다. 전골로 만든 내장과 눈 주변, 두꺼운 입술 언저리는 살 부분과 전혀 다른 맛을 내 감탄을 자아낸다. 살짝 데친 내장도 각각 다른 맛과 식감을 내는 귀중한 진미다.

이처럼 진귀한 다금바리 요리를 맛볼 수 있는 것은 료칸에서 신선한 다금바리를 한 마리 통째로 입수하기 때문이다. 다금바리는 유통과 서비스 등의 문제로 요릿집이나 료칸이 한 마리를 통째로 들여오기가 어렵다. 대체로 손질한 것이 들어온다. 따라서 내장이나 눈밑살 등 '도구'를 맛볼 수 있는 가게는 좀처럼 만나기 힘들다. 하지만, 히라야마 료칸은 어부에게 직접 다금바리를 사기 때문에 살뿐만이 아니라 내장도 낼 수 있다. 또한,

객실은 널찍한 구조의 좌식 방으로 편안하다

## 섬의 맛있는 음식과 온천, 그리고 따뜻한 인정이 매력

이세 새우, 오징어, 전복 등 제철 해산물도 끝없이 나온다. 사냥 허가가 나는 시기에는 료칸 주인이 직접 오리 사냥을 나선다. 이키 소도 맛있다. 그래서 이 료칸은 생선을 좋아하는 사람뿐만 아니라 고기를 좋아하는 사람도 만족시킨다.

그러나 이 료칸의 진짜 명물은 주인 히라야마 히로미 씨의 존재다. 기운이 넘치는 그녀의 모습은 서비스 정신의 화신과 같다. 히로미 씨는 어시장에 경매를 하러 가고, 마이크로버스를 몰고 손님

아침 식사의 포인트는 채소 부케와 같은 샐러드와 콩맛이 진한 '이키 두부'

을 맞이하러 간다. 꿀벌을 키워 양봉도 한다. 또한, 스스로 밭을 일구고, 무농약으로 채소를 기른다. 오가닉 JAS 인증도 받은 전문가다. 그녀에 따르면 바다에 둘러싸인 환경에서 채소를 키우면 맛이 좋다고 한다. 쌀겨를 넣은 EM효소나 성게 껍데기 간 것, 해초까지 비료가 된다고 한다. 전골에 넣을 채소를 포함해 료칸에서 나오는 식사에는 모두 이 채소를 쓰고 있다.

주인의 천성인 서비스 정신이 더해져 이곳의 저녁 식사는 훌륭하다. 그러나 더욱 훌륭한 것이 아침 식사다. 그중에서도 마치 꽃다발처럼 담긴 채소 샐러드가 좋다. 채소는 한 접시에 15종류쯤 들어 있는데, 어떤 채소든 인상적이며 각각의 맛을 즐길 수 있다. 맛도, 색도 진하다. 모두 주인이 키운 무농약 채소다. 아침 식사 중에 채소 다음으로 존재감이 있는 것이 두부다. 두부는 장난이라고 생

테이블에 쭉 늘어선 아침 식사. 공들여 먹고 싶다

암반 사이로 흘러들어온 해수가 세월이 흐르면 온천수가 된다

각할 만큼 커다랗다. 이것은 이키섬에 전해지는 '이슈 두부'로, 한 모 무게가 1kg이나 된다고 한다. 크기만 큰 게 아니다. 대두의 맛이 진하게 배어 있다. 두부는 직접 만들지 않지만, 아침 식사뿐만이 아니라 전골 등에도 자주 쓰고 있다.

이곳에는 또 다른 명물이 있다. 바로 유노모토 온천이다. 5세기 진구 황후가 발견했다는 전설이 서린 온천이다. 낙도 지역에는 온천이 드물다. 이키섬에 온천이 있다는 것도 많이 알려져 있지 않다. 유노모토 온천은 철분을 포함한 식염천의 붉은 물로, 입욕하면 몸 전체가 따뜻하게 풀리며 활력이 생긴다.

예전에는 료칸 객실이 14개였다. 이전에도 만실이 되는 일이 잦은 인기 료칸이었지만 주인은 객실을 8개로 줄였다. 손님이 더욱 편안하게 쉴 수 있도록 하고, 철저한 서비스를 위해 결심했다고 한다.

히라야마 료칸에 가면 주인은 한시도 가만히 있지 않는다. 숙소 안을 바쁘게 다니며 요리에 신경 쓰고, 손님에게 신경을 쓴다. 다소 조급해하는 느낌도 들지만, 주인의 얼굴을 보면 왠지 안심이 된다. 역시 간판 주인이다.

| | | |
|---|---|---|
| 주 소 | 나가사키현 이키시 가쓰모토초 다테이시니시후레 77번지 長崎県壱岐市勝本町立石西触 77 | |
| 전 화 | 0920-43-0016 | |
| 숙 박 | 1박 2식 14,190엔~ | |
| 가 는 길 | 각 항구(고노우라 · 아시베 · 인도지), 이키공항(나가사키)까지 셔틀 있음 | |
| H P | www.iki.co.jp | |

전국적으로도 드문 마름돌쌓기 방식의 성당, 가시라가시마 성당

가시라가시마 성당의 예배당. 내부도 아름답게 보존되어 있다

# 28
New Kyushu Trip
북부 | 나가사키 · 낙도 | 관광

# 가미고토의 성당 순례
上五島の教会群

신앙의 섬에서
보물과 만나는 여행

||||||||||||||||||||||||

고토 열도는 나가사키현 동중국해에 있는 나
카도리, 와카마쓰, 나루, 히사카, 후쿠에를 중심
으로 약 140개의 섬으로 이루어져 있다. 이 열
도의 섬에는 많은 가톨릭 교회가 흩어져 있다.
고토에 기독교가 전해진 것은 1566년. 그러나
1587년 도요토미 히데요시가 선교사 추방령
을 내렸고, 1614년 에도막부가 금교령을 내렸
다. 그 후 1797년부터 신앙의 자유를 찾아 삼
천여 명의 신도가 외해 지방(현재의 나가사키
시)에서 고토로 이주했다. 이들은 정부의 극심
한 탄압과 극빈 생활을 버티며 신앙을 지켰다.
1873년 금교령이 폐지되자 신자들은 기다렸
다는 듯 섬 내에 성당을 짓기 시작했다. 현재
도 고토 열도의 북동쪽에 있는 나카도리와 남
서쪽에 있는 와카마쓰, 주변의 유인도와 무인
도에 29곳의 성당이 있다. 일본 정부는 2007년
나가사키 성당들과 기독교 관련 유산을 유네

스코세계문화유산 잠정 목록에 넣기로 결정했다. 나가사키현 내의 13곳에 있는 구성 유산 중 고토 열도에는 4곳의 성당이 잠정 목록에 들어갔다. 하카타에서 정기선 '다이코太古'를 타고 와카마쓰 섬으로 갔다. 우선 이 섬의 크리스천 동굴キリシタン洞窟로 향한다. 극심한 탄압을 피해 신자들이 숨어 살았다는 이 동굴은 지금도 배로만 갈 수 있다. 항구에서 예약한 낚싯배로 갈아타고 약 15분. 십

자가와 그리스도상이 인상적인 곳에 도착했다. 동굴은 그 안쪽에 있다. 직접 가보니 사람이 살기에는 너무 혹독한 곳이었다. 이곳에서 많은 신자가 두려움에 떨며 숨을 죽이고 있었을 것이다. 눈앞에 펼쳐진 바다가 아름다워서 오히려 슬픔이 깊어졌다.
가시라가시마頭ヶ島 성당이 있는 가시라가시마섬은 본래 무인도였던 곳으로 기독교인이 이주하면

## 작은 성당이 말하는 고귀함, 소중함

빨간 벽돌로 만든 아오사가우라 성당

경건한 분위기가 흐른다

오래된 목조 건물인 에부쿠로 성당

크리스천 동굴은 낚싯배로만 순례 가능. 십자가와 3m 크기의 그리스도상이 있다

섬사람들을 지켜봐온 마리아상의 눈길

수면에 건물이 비치는 나카노우라 성당

서 그 역사가 시작되었다. 현재는 섬이 다리로 이어져 있다. 이 성당을 비롯해 다이노우라鯛ノ浦 성당, 아오사가우라靑砂ヶ浦 성당, 오소大曽 성당 등 시간이 허락하는 한 돌아다녔다. 성당 순례 여행에서 가장 감동적인 것은 지역 주민들이 성당을 소중하게 여기는 마음이었다. 아침 일찍 성당 주변을 청소하는 부인과 마주쳤다. 옆에 만들어진 화단에 귀여운 꽃이 피고, 잡초 하나 없었다. 휴일에 성당의 입구 발판을 수리하는 남성들을 발견했다(신발을 벗고 들어가는 곳이었다). 모두 즐겁게 담소를 나누며 작업하고 있어서 친한 사이임이 느껴졌다. 외부에서 찾아온 우리에게는 관광지지만, 지역 주민에게는 중요한 신앙의 장소임을 알 수 있었다. 따라서 규칙을 지키고 결코 방해되지 않도록 하면 고토의 성당은 언제나 부드럽게 우리를 맞이해줄 것이다.

맛있는 반찬이 가득 담긴
도시락처럼 한번에 이것저것
맛볼 수 있다.

# 2

# 중부 지역

### 구마모토 · 오이타

규슈의 배꼽에 해당하는 중부 지역은
방문할 때마다 힘이 가득 충전되는 걸출한
여행지다. 한적한 녹색 대지와 아름다운 바다,
지역 맛집에 온천까지!

# 민속주점 히고지

民芸酒房 肥後路

방금 튀긴 겨자연근을
먹을 수 있는
구마모토 소울 푸드 맛집

||||||||||||||||||||

| | |
|---|---|
| 주　소 | 구마모토현 구마모토시 주오구 |
| | 시모도리 1-9-1 마쓰후지 회관 2층 |
| | 熊本県熊本市中央区下通 |
| | 1-9-1 松藤会館 2F |
| 전　화 | 096-354-7878 |
| 시　간 | 17:00~23:00 |
| 정기휴일 | 부정기 |
| 가는길 | 구마모토 노면전차 하나바타역 |
| H　P | www.facebook.com/higoji |

안쪽이 추천 메뉴인 겨자연근. 막 튀겨 뜨거울 때 먹자. 앞쪽이 히토모지구루구루.
술안주로 딱이다

구마모토에 가면 항상 먹는 메뉴가 '겨자연근辛子レンコン'과 '히토모지구루구루一文字グルグル'다. 그 유래를 조사해보았다. 병약했던 영주 호소카와 다다토시에게 승려가 영양가가 높은 연근을 먹으라고 추천했고, 영주의 요리사가 연근 구멍에 식욕 증진 작용을 하는 겨자가루를 섞은 보리된장을 넣어 옷을 입혀 튀긴 것을 헌상했다고 한다. 메이지유신 후에 일반 가정으로 퍼져 구마모토 명물이 되었다고 한다.

이름이 신기한 히토모지구루구루(구마모토 술집에서는 '구루구루'로 통한다)는 간단히 설명하면 데친 실파를 빙글빙글 감아 초된장을 찍어 먹는 음식이다. 기록에 의하면 이것도 영지의 재정을 재정비하기 위해 고안된 절약형 안주라고 한다. 이렇게 먹으면 실파를 통째로 먹을 수 있다. 수분도 적당히 빠진다. 히토모지에는 실파가 자란 모양이 "사람 인(人)"의 글자와 비슷하여 붙여졌다는 히토모지人文字 설과 궁중에서는 파를 '키(き)'라는 한 글자로 부른 데서 왔다는 설이 있다. 해설이 길어졌지만, 두 음식 다 잘 만든 건강 요리다. 두 요리 다 잘하는 집으로 추천하는 가게가 '히고지'다. 이집을 추천하는 이유는 가게 이름에서도 알 수 있듯이 구마모토의 향토 요리가 대부분 있고, 막 튀긴 겨자연근을 먹을 수 있는 가게가 좀처럼 없기 때문이다. 이것을 입에 넣으면 연근의 풍미가 확 퍼진다. 뜨끈뜨끈하면서 아삭아삭한 식감도 재미있다. 사실 전날 다른 지방에서 온 손님과 식사할 때 향토 요리를 먹어 오늘은 다른 것을 먹고 싶다는 요청이 있었다. 그러나 히고지에 데려가자 어제 먹은 것과 전혀 다르다며 크게 감격했다. 그 후 그는 구마모토를 찾을 때마다 히고지에 들른다고 한다. 구마모토의 요리는 좋구나, 라고 절실하게 느끼게 해주는 가게다.

구마모토는 말고기가 유명하다. 술집에서 따뜻한 안주를 주문하면 아무 확인도 없이 말 힘줄이나 말 내장 조림이 나온다. 고기를 구워도 말고기다(물론 소고기집도 있다). '스가노야'는 말고기 전문점이다. 이 가게의 말고기 회는 마블링이 좋은 것과 살코기를 구분하는 수준이 아니다. 삼겹살, 갈깃살(갈기 밑의 지방), 혈관(심장의 대동맥) 같은 것까지 있다. 전골로도 먹을 수 있다. 말고기 회는 지방이 담백해서 마블링이 좋아도 부담스럽지 않다. 말은 간도 생으로 먹을 수 있다. 갈깃살 회도 처음에는 지방 덩어리로 의심하며 먹어보았으나 느끼하지 않아 괜찮았다. 그러니 모처럼 구마모토에 왔다면 전문점에서 여러 부위와 요리를 시험해보기를 바란다.

왜 구마모토에서 말고기를 먹게 되었을까. 근세에 말고기가 퍼진 것은 가토 기요마사가 원조라는 속설이 유력하다. 임진왜란 때 조선으로 출병하였다가 식량이 떨어져 할 수 없이 군마를 먹게 된다. 그 후 귀국해서도 말고기 회를 즐기게 되어 영지인 구마모토에서 전국으로 퍼졌다고 한다. 식량 부족으로 할 수 없이 먹은 말고기가 의외로 맛있어서 마음에 들었다고. 말고기는 다른 고기보다 영양가가 높고, 단백질과 비타민류도 풍부하다. 에너지원인 글리코겐도 가득하다. 즉, 고육지책으로 먹은 말고기가 전투식량으로도 으뜸이었던 것이다.

스가노야는 말 전용 농장과 말고기 전용 생산장도 있는 전문점이다. 국제 품질을 증명하는 SQF를 취득해 믿음직스럽다. 메뉴도 다양하고 가게도 깔끔해서 여성끼리도 들어가기 쉽다. 기운이 없다면 말고기의 힘으로 원기를 보충하면 어떨까.

# 스가노야 긴자도리점

菅乃屋 銀座通り店

## 좋은 말고기로 맛있게 원기 충전!

IIIIIIIIIIIIIIIIIIIII

주　　　소　구마모토현 구마모토시 주오구
　　　　　시모도리 1초메 9-10 TM21 빌딩 지하
　　　　　熊本県熊本市中央区下通り
　　　　　1丁目 9-10 TM21ビル BF
전　　　화　096-312-3618
시　　　간　16:00~23:00, 토 · 일요일과 연휴 중
　　　　　공휴일은 런치 (11:30~14:00)도 영업
정 기 휴 일　연말연시
가 는 길　구마모토 노면전차 하나바타역
H　　　P　service.suganoya.com/ginzadori/

1. 마블링 스테이크. 누린내가 안 나고 담백해 고기의 맛이 바로 전달되는 메뉴다 2. 여러 부위가 나오는 말고기 회 모둠. 달고 진한 구마모토 간장이 생강과 어우러져 회와 잘 어울린다 3. 지역 주민과 관광객들로 떠들썩한 가게

마치 고기와 대화하는 듯한
겐신 셰프의 재료를 다루는
손놀림이 맛있다고 말해준다

31 New Kyushu Trip
중부 | 구마모토시 | 이탈리안

# 리스토란테 미야모토
Ristorante Miyamoto

대지의 맛이 돋보이는 정열의 이탈리안

||||||||||||||||||||||||||||||||

주　　　소　구마모토현 구마모토시 주오구
　　　　　　가라시마초 6-15
　　　　　　熊本県熊本市中央区辛島町 6-15
전　　　화　096-356-5070
시　　　간　11:30~L.O. 14:00,
　　　　　　평일 17:45~L.O. 21:00,
　　　　　　일·공휴일 17:45~L.O. 20:30
정 기 휴 일　화요일
가 는 길　구마모토 노면전차 니시가라시마초역
　　　　　　도보 2분
H　　　P　forzakenken0609.wix.com/
　　　　　　ristorantemiyamoto

'규슈의 슬로푸드를 견인하는 화제의 셰프.' 이런 수식어로 요즘 미디어에서 주목하는 요리사, 미야모토 겐신 셰프.

"오늘 스테이크는 아소산 아카규를 40일간 숙성한 것입니다. 굽는 법을 이것저것 실험하는 것이 즐거워요. 저는 고기 굽기 오타쿠입니다(웃음)."

아소산 아카규는 지금은 구하기 힘든 품종의 소고기다. 하지만, 겐신 셰프가 가게를 시작할 당시에는 흑우의 마블링 고기가 최고의 스타로 대접받고, 지방질이 담백한 아카규는 지역에서 놀랄 만큼 인기가 없었다. 가게에서 아카규를 내놓으면 화를 내는 손님도 있었다. 그 시절을 지나 맛을 인정받은 고향의 아카규에 대한 그의 마음은 각별하다. 고기뿐만이 아니다. 산지 채소로 만든 요리도 훌륭하다. 구마모토의 식재료를 활용한 메뉴 하나하나에 자연과 생산자가 이어진 스토리가

1. 이날 스테이크는 '아카규의 신'이라 불리는 이상의 설로인을 숙성한 것. 구운 채소와 잘 어울리는 고급 스테이크로 뚝딱 해치울 수 있다 2. 토스카나의 시골집을 모티브로 한 가게는 가정적인 분위기라 편안하다

있다. 이것이 미야모토 레스토랑이 사랑받는 이유다.

그에게 미식의 세계를 알려준 것은 이탈리아에서 만난 셰프들이었다. 그는 '라 텐다 로사' 등 미슐랭 별을 받은 레스토랑을 포함해 이탈리아 각지에서 8년간 요리를 배웠다. 그에게 요리를 가르쳐준 셰프들은 하나같이 '지역의 식재료를 지키는 것은 레스토랑의 역할'이라는 확고한 신념을 갖고 있었다.

고향인 구마모토로 돌아와 2006년에 자신의 가게를 만든 겐신 셰프가 목표로 하는 것은 '산지 요리사'다. 그는 구마모토의 좋은 식재료를 찾아 틈만 나면 시골로 차를 몬다. 길가에서 밭의 할머니에게 말을 걸고, 우수한 생산자가 있다고 들으면 어디든 찾아갔다. 그렇게 한 지 십수 년. 지금은 인연을 맺은 농가가 50곳 이상이다.

"구마모토를 돌아다니며 알게 된 것은 1년 내내 농사가 가능한 기적 같은 풍요로움이 있다는 것입니다. 구마모토는 대지의 식탁입니다!"

2011년 규슈에서 처음으로 농림수산성의 '요리 마스터'라는 칭호를 얻고도 중압감을 느끼기는커녕 "동료들 덕분"이라며 웃었다. 생산자와 요리사가 함께 만나는 기획도 세워 지역 전체를 이끌기 위한 노력도 이어가고 있다. 주위의 신뢰를 바탕으로 겐신 셰프가 중심이 되어 나선 덕에 2013년에는 아소의 초원이 '세계문화유산'으로 지정되는 쾌거도 있었다! 사람과 사람이 이어져 문화가 탄생하는 구마모토 이탈리안 레스토랑에는 맛 이상의 만남이 있다.

아마쿠사 올리브, 니시다 과수원의 주스, 자연재배 홍차 등 맛있는 가공품과도 만날 수 있다

# Denkikan
덴키칸

## 100년 극장에서 보는 시네마 여행

||||||||||||||||||||||||||||||||

3개의 스크린은 파랑, 빨강, 갈색의 이미지 컬러로 꾸몄다

명소를 관광한 뒤나 출장의 빈 시간에 문득 영화관에서 잠시 시간을 보내본다. 낯선 도시에서 암흑 시트에 몸을 맡기고 체감한 드라마는 여행 속의 여행 같아 정말 재미있다. 그런 시네마 여행을 꿈꾼다면 영화관 'Denkikan'이 안성맞춤이다.

구마모토시 중심가에 있는 Denkikan에 처음 방문했을 때, 로비에 들어가자마자 신이 났다. 고목재로 깐 바닥에 맛있는 드립커피를 마실 수 있는 카페가 있고, 3개의 스크린은 빨간색과 파란색 벽

지를 배치한 인테리어로 독자적인 분위기를 내서 좋았다. 팝콘 냄새에 똑같은 구조의 멀티플렉스와는 확연히 구별되는 모습이다.

이 모던 시어터는 사실 100세를 넘긴 역사적인 영화관이다. Denkikan이란 이름은 '덴키칸(電気館:전기관)'에서 유래한 이름으로, 창설자는 도쿄에서 무성 영화의 변사였다고 한다. 그런 창설자의 특별한 정신을 물려받은 사람이 4대째이자 현주인 구보데라 요이치 씨다. 미국에서 대학을 졸

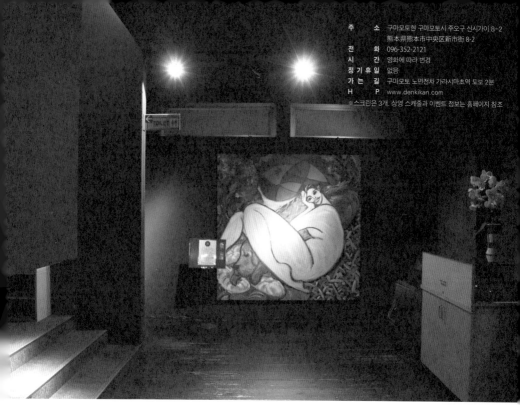

주    소   구마모토현 구마모토시 주오구 신시가이 8-2
          熊本県熊本市中央区新市街 8-2
전    화   096-352-2121
시    간   영화에 따라 변경
정 기 휴 일   없음
가 는 길   구마모토 노면전차 가라시마초역 도보 2분
H   P     www.denkikan.com
※스크린은 3개. 상영 스케줄과 이벤트 정보는 홈페이지 참조

벽면을 장식한 화가 아오야기 아야의 작품. 예술이 있는 영화관이라니 멋지다

업하고 도쿄에서 일한 뒤, 20년 전 구마모토로 돌아와 뒤를 이었다.

"지금은 이 거리에 저희밖에 없습니다만, 원래는 영화관 거리로, 할아버지와 아버지 시절에는 저희도 4관을 경영하기도 했습니다. 어릴 때는 서서 보는 어른들 사이로 영화를 보곤 했죠. 좋은 영화를 볼 때 사람들의 얼굴이 휙 바뀌는 모습을 보는 것이 좋았습니다."

영화를 느끼며 자란 주인이기에 갖춘 센스일 것

이다. Denkikan에 걸리는 영화라면 모두 본다는 팬도 있다고 한다. 국내외 영화, 화제작, 개성적인 작품을 비롯해 다양성 영화나 알려지지 않은 추천작을 한정 상영하기도 한다. 음악 라이브나 예술가와 협업한 기획 등 변화를 주기도 한다. "항상 밸런스를 모색하고 있습니다"라며 숨겨둔 아이디어가 있다는 듯 웃는 구보데라 씨. 이곳에 오면 낯선 세계로 떠나는 여행에 몇 번이고 초대받을 것 같다.

소설, 그림책, 사진집, 양서 등 장르는 제각각. 정말 책을 사랑하는 서점의 책장은 인터넷에서는 살 수 없는 책 고르기가 가능하다

책을 고른 뒤 카페 'orange'에서 차도 마시고 구경도 하고

서점 리뉴얼 때 만든 구멍. 다니카와 슌타로의 낙서도 있다

인기 메뉴는 오무라이스 카레와 매일 새로 담그는 장아찌

# 다이다이 서점, orange
橙書店、orange

작은 행복으로 가득 찬
특별한 겨우살이

계속 몸을 담그고 싶은 따뜻한 물. 카페 'orange'와 인접한 '다이다이 서점'을 한마디로 표현하자면 그런 느낌이다. 두 가게의 주인 다지리 히사코 씨와 그곳을 찾는 사람이며 물건들이 자아내는 편안함은 여행객에게도 오아시스와 같다. 실제로 사진가 가와우치 린코 씨 등 감수성 풍부한 여행객들이 이 가게에 들러 휴식을 취한다고 들었다.

애교쟁이 아들, 시라타마

구마모토시의 번화가 다마야도리 玉屋通り라는 추억의 골목에서 히사코 씨가 카페를 연 때가 2001년이다. 서점을 만든 것은 그로부터 7년 뒤다. 몇 년 전부터 옆 가게에 어떤 가게가 들어와도 금세 나가는 것을 보고 히사코 씨는 남몰래 서점이 들어오면 좋겠다고 바랐다고 한다. 그러던 어느 날, 우연히 가게가 나간 타이밍에 '어쩌다보니' 자신이 서점을 열어버렸다.

다이다이 서점의 책장을 살펴보면 한 권, 한 권이 엄선한 책임을 알 수 있다. 서점 일을 전혀 모르고 시작했다는 주인의 책 선택 기준은 '3년이 지나도 소중히 간직하고 싶은 책'이다. 책은 재고 리스크를 각오하고 출판사에서 직접 매입한다는 말에 출판 관계자로서 감격했다. 한편으로 주변에서 장사는 괜찮을까 하는 걱정을 해준다고 한다. 아는 작가나 유명 편집장이 토크 이벤트를 열어 홍보하고, 고등학생들도 용돈을 모아 한 권 사주기도 한다. '이상한 책만 판다'고 하면서 정기적으로 책을 주문하는 할아버지 등 지역 주민 중에 마음씨 좋은 응원단이 많이 있는 모양이다. 음식을 가져다주는 일도 많다. "이웃들로부터 거의 받은 걸로 살고 있어요. 다들 친절하시죠"라고 웃으며 장아찌 양념을 버무리는 히사코 씨와 카운터 너머로 즐거운 수다를 떨었다.

참고로 이 두 가게는 안쪽 벽이 뚫려 있어 통로로 이어져 있다. 서점에 아무도 없을 때는 간판 고양이 시라타마가 가게를 보기도 한다. 대체로 안쪽 구멍을 향해 말을 걸면 히사코 씨가 벽 너머에서 불쑥 나타날 것이다.

주　　소　구마모토현 구마모토시 주오구
　　　　　렌페이초 54 마츠다 빌딩 2층
　　　　　熊本県熊本市中央区練兵町 54
　　　　　松田ビル 2 階
전　　화　096-355-1276
시　　간　월~토요일 11:30~20:00,
　　　　　일요일 11:30~17:00
정 기 휴 일　부정기
가 는 길　구마모토 노면전차 가라시마초역
H　　P　www.zakkacafe-orange.com

산 정상에 개척한 도쿄돔 3배 규모의 부지에,
젖소 30마리, 닭 300마리를 방목한다. 송아지는 어미 소의 젖과 풀만 먹이고, 닭과 돼지에게도 배합사료는 전혀 주지 않는다.

# 다마나 목장
玉名牧場

보고 만지고 먹고,
슬로푸드의 현장학습

| | | |
|---|---|---|
| 주 소 | 구마모토현 다마나시 미쓰카와 1024-2 | |
| | 熊本県玉名市三ツ川 1024-2 | |
| 전 화 | 0968-74-9248 | |
| 시 간 | 목장 견학은 1일 2회 (식사 포함 1인 1,890엔), 완전 예약제 | |
| 정 기 휴 일 | 목요일 (자세한 것은 홈페이지 참조) | |
| 가 는 길 | 다마나 인터체인지에서 차로 약 30분 | |
| H P | www.tamanabokujo.jp | |

젖소의 우유를 활용해 손수 만든 내추럴 치즈는 여기서만 먹을 수 있는 맛. 선물로 좋다

구마모토시에서 현 북쪽의 작은 마을로 차를 몰아 약 한 시간쯤 가면 울창한 숲 사이로 산길이 나 있다. 정말 이런 곳에 목장이 있을까 생각할 즈음 '다마나 목장'이 불쑥 나타났다. 표고 2,000m 정상. 맑은 산 공기를 깊숙이 들이마시는데, 소와 닭들의 환영하는 소리에 이어 목장 주인 야노 기미노리 씨가 친근하게 맞이해주었다.

전부터 슬로푸드에 관심이 많은 친구들로부터 다마나의 목장 견학이 재미있다는 말을 들었다. 리스토란테 미야모토(p.92)의 겐신 셰프에게도 '야노는 뜨거운 남자'라는 추천을 받아 목장 견학을 하게 됐다.

도쿄돔 3배 규모의 광대한 부지에 소는 모두 30마리. 야노 씨가 목장으로 들어가자 송아지들이 좋아하며 다가왔다. 귀여워서 어쩔 줄을 모르는데, 야노 씨가 마른 소똥을 쓱 들더니 열정적으로 말하기 시작했다.

"우리 목장은 냄새가 심하지 않죠? 좋은 풀을 먹이고 있으니 소똥도 냄새가 심하지 않고, 이렇게 손으로 만져도 괜찮습니다. 먹는 것과 환경만으로 동물도, 사람도 달라집니다."

식생활로 사람이 달라진다. 그것은 야노 씨 자신의 인생을 바꾼 키워드이기도 하다.

어린 시절부터 아토피성 천식을 앓던 야노 씨. 병이 낫지 않은 채 자라 엔지니어가 되었다. "어느 휴일에 친구의 자연 농법 농장 일을 도와주고, 그 보답으로 받은 쌀과 채소를 먹었더니 몸이 나아지는 느낌이 들었습니다. 아아, 역시 나의 병은 음식이 원인이었구나…."

엔지니어에서 농업의 세계로 들어가 30세에 목장주가 되었다. 마을 근처 산에서 전통적인 생활 방식을 바탕으로 쌀과 채소를 재배하고, 낙농업을 하며 8년 전부터 치즈를 만들었다. 다마나 목장 소들의 우유에 맞춘 가공법으로 독자적인 내추럴 치즈를 만들어 인기를 끌고 있다.

그런 생활을 하면서 '식생활에 대한 의식을 바꿀 수 있는 계기가 된다면'이라는 모토로 자신이 체험한 것을 경험할 수 있는 목장 견학 프로그램을 만들었다.

견학은 1시간 반 동안 목장을 한 바퀴 돌아본다. 생각보다 내용이 충실했다. 스트레스가 없는 닭의 달걀, 농약이나 비료에 의지하지 않는 토양 만들기, 자연분만으로 태어난 송아지, 신선한 채소 고르는 법 등등 공부가 될 만한 이야기가 이어졌다. 책이나 TV로 배운 지식보다 이렇게 현장에서 보고 듣고 느낀다면 결코 잊지 않을 것이다.

점심에는 목장에서 자랑하는 치즈를 넣은 피자와 방금 딴 채소 샐러드가 나왔는데, 맛있어서 다 같이 웃으며 먹고 있으려니 참가자인 젊은 어머니가 말했다. "생명의 맛이 나요." 야노 씨의 마음이 전해졌다.

## '무엇을 먹을까'를 생각하는 산의 시간

1. 다마나 목장의 소도, 닭도 평온. 다가가도 "괜찮으니 만져봐" 하는 얼굴이다 2. 목장 주인 야노 기미노리 씨(가운데)와 목장의 이념에 이끌려 일하는 젊은 직원들. 소똥을 손으로 만져도 냄새가 나지 않는다. 소똥은 흙으로 돌아가 목초의 비료가 된다 3. 견학의 즐거움은 점심! 홈메이드 치즈 플레이트와 신선한 샐러드, 바로 구운 피자

원천 온천은 피부가 매끈매끈해지기로 유명하다.
역사 깊은 욕실은 레트로한 느낌이 매력적이다

# 35

# 료칸 다카라유

旅館 たから湯

## 아름답고 온정이 넘치는
## 산촌의 낙원으로

||||||||||||||||||||

'뒤뜰'에 있는 아름다운 계단식 논. 옆에 숨겨진 집도 있다

구마모토 히토요시의 오래된 온천장이 아름답게 되살아났다는 이야기를 지인에게 듣고 '다카라유'에 처음 취재를 간 것이 지금부터 18년 전의 일이다. 새롭게 태어난 료칸은 반지하에 고색창연한 목욕탕이 있었다. 나무 계단과 나무 창틀이며 장식도 메이지시대의 멋이 잘 느껴졌다. 무엇보다 인상적인 것은 고목재를 활용한 전통 방에 자연스럽게 배치된 이탈리아의 모던한 가구다. 그것을 보고 '센스가 멋진데!' 하며 흥분한 기억이 난다.

"옛날부터 좋은 건물을 부수지 않고 살릴 수 없을까 생각했습니다." 오너 야마모토 에이치 씨가 회상하며 수줍게 웃었다. 다카라유는 본래 히토요시 온천의 원천 온천장이었던 곳으로 1891년에 창업했다. 기록에는 '유라쿠지湯楽寺'라는 이름으로 등장하는데, 찰과상과 피부병에 잘 듣는다고 주위에 소문난 유명 온천이다. 야마모토 씨는 그

다카라유의 객실. 일본식 모던이라 마음이 편하다

런 유서 깊은 온천이 누군가에게 팔려 건물은 부서지고 아파트가 세워진다는 이야기를 듣고 그 일만은 막아야겠다는 일념으로 건물을 샀다고 한다. 당시 부동산과 토목건축 관련 회사를 경영하던 야마모토 씨는 숙박 사업을 할 마음이 전혀 없었다. 그러나 위탁 운영이 잘 되지 않자 자신이 직접 경영하기로 했다. 갑작스럽게 이 사실을 알게 된 부인 시게코 씨는 남편의 결정에 절대 안 된다며 반대했다. 그러나 남편의 결정을 되돌릴 수 없어 할 수 없이 료칸 주인이 됐다. "정신이 없었어요. 초보였으니까 저 나름대로 할 수밖에 없었어요"라며 매력적으로 웃는 시게코 씨는 손님과의 정겨운 일화를 보물처럼 이야기했다. 손님을 소중한 가족처럼 대하는 시게코 씨의 애정 깊은 환대야말로 손님의 80퍼센트가 다시 찾는 이유일 것이다.

료칸 초창기부터 몇 년마다 취재할 기회가 있었는데, 찾을 때마다 숙소를 둘러싼 공간이 넓어져 왠지 이야기가 숨겨져 있는 느낌이 들었다. 그러다 녹색의 작은 산을 깎아 만든 '쿠라 카페'가 생

겼을 때, 야마모토 씨가 댄디할 뿐만 아니라, 사실은 가우디처럼 창작욕을 지닌 사람인 것을 알고 흥미진진했다. "만들고 있을 때가 제일 재미있어요. 쿠라 카페도 크게 생각하고 만든 것은 아니에요. 만든 다음 저희 손님들이 차를 마실 수 있는 장소로 할까 생각했죠." 명확한 비즈니스 계획이 있어 만든 것이 아니라, 이런 경치가 있으면 좋겠다는 생각에 땅을 정비하고, 나무와 꽃을 심고, 건물을 세운 것이다. 야마모토 씨는 그 창조 활동의 순간순간이 즐겁다며 환하게 웃었다.

히토요시에서 나고 자란 야마모토 씨에게 모던한 인테리어 센스는 외국에서 배웠냐고 묻자 "잡지는 보지만, 먼 외국은 간 적이 없어요"라며 어깨를 으쓱했다. 들어보니 그 세련된 취향과 정원 조성의 감수성을 배운 곳은 다름아닌 히토요시의 자연이다. 어린 시절부터 산과 들의 꽃과 자연이 좋아서 중학생이 될 즈음 산에 들어가 단풍과

야마모토 씨를 도와 시게코 씨가 료칸 주인, 아들 소이치로 씨는 주방, 딸 다마미 씨는 카페를 담당한다

소나무 묘목, 이끼를 조합해서 분재를 만들고, 식생과 경치의 흐름을 편안하게 조성하는 방법을 자연스럽게 배웠다고 한다.

온천장과 카페가 사람을 부르는 앞뜰이라면, 이래저래 15년 동안 조금씩 만들어지고 있는 뒤뜰도 있다. 늦가을의 어느 날, 야마모토 씨가 안내해주었다. 그곳은 숙소에서 차로 20분쯤 걸리는 산 근처 마을. 구불구불 험한 산길을 오르락내리락하면서 도착한 곳에는 계단식 논이 넓게 펼쳐졌다. 그 아름다움에 절로 감탄사가 나왔다.

여기도 사업에 실패한 주인이 토지를 포기하기

## 자연으로 둘러싸인 숙소와 카페의 행복

언덕을 깎아 만든 '쿠라 카페'. 서양풍 건물에 동서양의 식물이 조화를 이룬 정원이 마치 외국 같다. 구마강이 한눈에 보이는 전망도 훌륭하다

저녁 식사에는 그 계절에만 맛볼 수 있는 자연의 은혜가 가득하다. 차림도 아름다워 눈도 즐겁다

직전 이런 계단식 논의 절경이 없어지는 것이 아까워서 산을 통째로 매입했다고 한다. 밭을 둘러싼 잡목림을 걸으니 깨끗한 샘물과 졸졸 흐르는 시냇물이 있어서 이곳이 도원경인가 하고 넋을 잃고 보는데, 여기에도 야마모토 씨가 살짝 손을 댄 곳이 있었다. 물의 흐름을 방해하지 않도록 돌다리를 짓고, 밭과 지형에 맞춰 작은 길을 내고, 자연 경관에 녹아드는 우아한 산장을 지었다. 아직 만드는 중인 동쪽 방은 이끼가 끼고 비바람에 풍화되어 경치와 어우러지기를 기다리고 있다. 대단한 규모로 풍경을 만들고 있다며 감탄하자, "아니, 대출을 받았지요" 하며 크게 부끄러워했다. "돈이 있어도 골프에만 빠져 있는 것보다 이게 훨씬 멋있어요. 남자의 로망이 이런 거죠"라며 T할배 카메라맨도 부러운 얼굴이다. 자연과 함께 만드는 정원은 지상의 꿈. 소박한 아름다움으로 가득 찬 계단식 정원의 소문을 듣고 지브리의 직원이 찾아오거나, 도요타 자동차의 광고 촬영에도 쓰였다고.

이 풍요로운 대지와 깨끗한 물에서 자란 계단식 논의 쌀에 메기, 산나물 등 다양한 제철 재료가 숙소와 카페의 식탁에 오른다. 몇 번이나 그 맛을 인정하며 "맛있어!"를 외쳤는지. 말로 다 할 수 없는 특별한 맛은 산촌의 마법임이 분명하다.

히토요시 시내에서 조금 떨어진 곳에 있는 작은 숙소. 규슈 각지에서 정기적으로 찾는 단골도 적지 않다

| 주 소 | 구마모토현 히토요시시 온센마치 유노모토 2482<br>熊本県人吉市温泉町<br>湯ノ元 2482 |
| --- | --- |
| 전 화 | 0966-23-4951 |
| 숙 박 | 1박 2식 23,910엔~ |
| 가 는 길 | JR히토요시역에서 차로 5분 |

長次郎作

**36** New Kyushu Trip
중부 | 구마모토 · 아마쿠사 | 불고기

# 다나카야
たなか屋

## 고급 고기를 마음껏,
## '기적의 불고기'의 행복

1. 여러 타입의 자리가 있다. 물론 좌식도 있다 2. 의외로 인기인 카레는 좋은 고기의 육수로 맛을 내 먹지 않고는 돌아갈 수 없다 3. 가게의 소주는 모두 1,200엔 무한 리필이라니 최고!

'기적의 불고기.' 이 대단한 이름은 구마몬을 만든 사람이자 영화 〈굿바이: Good&Bye〉의 시나리오 라이터 고야마 군도 씨가 한 말이다. 그는 아마쿠사 출신이다. "지금 가장 가고 싶은 고깃집은?"이라는 요리 잡지의 질문에 고야마 씨는 "아마쿠사의 다나카야입니다"라고 바로 대답했다고 한다. 그렇다면 무엇이 기적일까? 바로 가격에 맞지 않는 고기의 질과 아낌없이 주는 양이다. 다나카야 세트는 120분 무한 리필에 1인 3,900엔이다. 세트 메뉴를 주문하면 먼저 떡하니 나오는 것이 흑우의 특수 부위 모둠. 설로인, 마구리, 채끝살, 부챗살 등 부위는 매일 바뀐다. 그리고 스테이크 같은 두께! 아름다운 지방질에 시선이 꽂혔다. 고기를 잘 몰라도 고급 고기임을 알 수 있다. "이 금액에 이게 나온다고요?"라고 절로 묻고 싶어지지만, 이것만으로는 기적이라고 할 수 없다. 이것을 먹은 뒤, 주말과 공휴일에는 셀프 서비스로 고기를 마음껏 먹을 수 있다. 심지어 셀프 서비스의 갈비나 다릿살 등도 질이 좋다. 곱창도 있다. 밥도 있다. 카레나 덮밥으로 먹어도 된다. 샐러드도 잘 챙겨먹자. 이 모든 것을 합쳐 3,900엔. 그래서 '기적'이다.

다나카야는 원래 아마쿠사에서 목장을 운영하던 다나카 겐지 씨가 열었다. 그는 먼저 정육점을 시작했으나, 맛있는 고기로 손님을 더욱 기쁘게 만들고 싶어 고깃집도 병설했다. 그러나 음식점에는 일손이 필요하다. 적은 인원수로 운영하기 위해 찾아낸 방법이 무한 리필이다. 다만 손님의 만족을 위해 고기는 좋은 것을 내자고 결심했다. 정말 아끼지 않고 진수성찬을 내놓았다. 그런 연유로 현재에 이르렀다고 한다.

아무튼 기적은 계속되었다. 다나카 씨는 소를 사러 가고시마 근처로 나가는 일이 많다. 가고시마라면 소주의 본고장. 다나카 씨도 무척 좋아한다고 한다. 그래서 무심코 감자 소주도 사온다. 개중에는 지금은 좀처럼 구하기 어려운 술도 있지만, 일일이 따지지 않는다. 맥주와 소주는 1,200엔 추가로 무한 리필. 맥주도 자동 비어 서버를 들여놔 초보도 맛있게 따를 수 있다. 참고로 음료수는 무료다. 정말 인심이 좋다.

고기로 배가 가득 찼는데 역시 마지막에는 카레가 먹고 싶다! 아, 디저트도 먹어야지. 이렇게 기적을 체험했다. 아아, 행복해.

| | | |
|---|---|---|
| 주　　소 | 구마모토현 아마쿠사시 이쓰와마치 조가와라 2-101-1 | |
| | 熊本県天草市五和町城河原 2-101-1 | |
| 전　　화 | 0969-34-0288 | |
| 시　　간 | 11:30-20:00 (입점) | |
| 정 기 휴 일 | 화요일 (공휴일인 경우 다음 날) | |
| 가 는 길 | 혼도 버스센터에서 차로 약 15분 | |

# 자노메스시

蛇の目寿司

아마쿠사의 초밥과
대화를 즐기는 카운터

||||||||||||||||||||

바다에 둘러싸여 어항도 많은 아마쿠사. 해산물에 대한 기대감도 커진다. 그러나 단순히 바다가 가까워서 생선이 맛있는 것은 아니라고 한다. 그것을 가르쳐준 사람이 아마쿠사의 초밥 맛집 '자노메스시'의 주인 하마 다카아키 씨다. "야쓰시로 해와 아리아케해, 아마쿠사나다(동중국해)로 둘러싸인 아마쿠사 제도에는 여러 조류가 흐르는데, 그것을 타고 오는 다양한 어종이 잡힙니다. 특

'주방장 특선'은 반찬, 된장국, 디저트 포함 12피스 4,000엔

초밥마다 가격이 쓰여 있어 안심하고 먹을 수 있다

히, 아리아케해에서 하야사키 해협까지는 조류의 흐름이 빨라 바다가 항상 깨끗하게 유지돼요. 해저도 기복이 심해 성게와 전복의 먹이가 되는 해초가 잘 자라요. 이곳의 생선은 도미와 문어도 살이 탱탱해 맛있습니다."

자노메스시는 아마쿠사에서는 오래된 초밥집으로 하마 씨는 2대째다. 아마쿠사에서 자라 대학은 도쿄에서 다니고, 일은 오사카에서 배운 뒤 아마쿠사로 돌아와 1992년 가게를 물려받았다.

이 가게는 아마쿠사의 바다에서 잡은 생선만 쓴다. 카운터 위

에는 무늬오징어, 문어, 붕장어, 샛줄멸, 키조개, 보리새우 등 다양한 재료가 늘어서 있다. 모두 자연산이다. "생선이 좋으면 요리하는 방법은 여러 가지가 있거든요." 아마쿠사의 좋은 생선이라면 시기에 구애받지 않고도 맛의 균형을 잡을 수 있다. 하마 씨의 초밥은 맛을 가미해 내는 경우가 많다. 참돔은 살짝 소금을 뿌리고 귤을 쭉 짠다. 보리새우는 밥 위에 새우된장을 얹는다. 샛줄멸 위에는 생강 간장을 올리는 식이다. 성게알도 김말이가 아닌 초밥 형태로 내놓는다. 품질에 자신 있는 아마

커다란 보리새우도 아마쿠사의 특산물! 쇼케이스를 바라보면 자연스럽게 대화가 이어진다

아마쿠사를 매우 사랑하는 하마 씨. 여행객은 꼭 카운터 석에 앉자

쿠사의 생선이기에 그 생선이 지닌 맛을 살린 방식으로 손님에게 제공하는 것이다.

관광하러 오는 손님도 많다. 하마 씨는 대화를 중요시해서 관광 정보를 알려주거나, 다른 맛있는 가게 이야기를 하는 일도 종종 있다. 모처럼 아마쿠사까지 왔으니 즐거운 추억을 많이 만들고 가기를 바라기 때문이다. 그저 초밥이 맛있기만 한 가게가 아니다. 서로 인연을 더해가기에 멀리서 오는 단골도 적지 않다.

| | | |
|---|---|---|
| 주　　소 | 구마모토현 아마쿠사시 오하마마치 6-3 熊本県天草市大浜町 6-3 | |
| 전　　화 | 0969-23-2238 | |
| 시　　간 | 11:30~L.O. 14:00, 17:30~L.O. 21:00 | |
| 정 기 휴 일 | 수요일 | |
| 가 는 길 | 혼도 버스센터에서 차로 약 5분 | |
| H　　P | www.jyanomesusi.com | |

# 이시야마리큐 고소쿠노쿠쓰
石山離宮 五足のくつ

아마쿠사의 낙원에서 발견한
자신만의 시간 사용법
||||||||||||||||||||

'이시야마리큐 고소쿠노쿠쓰'는 2002년 탄생했다. 먼저 빌라A · B에 별채 10동으로 오픈하고, 2005년 빌라C에 별채 5동이 만들어졌다.

빌라A · B의 테마는 아시아 속의 아마쿠사다. 빌라A는 아마쿠사의 어촌을 연상케 한다. 해안가에 있는 어부의 집에 머무는 느낌으로 현관의 미닫이를 열고 객실로 들어간다. 별채로 된 객실에는 노천 온천과 실내 욕실이 있어서 방에 들어가면 마치 자신의 집처럼 편안한 공간이 펼쳐진다. 빌라B는 아시아 리조트 타입의 복층집이 4채다. 물론 이쪽도 노천 온천과 실내 욕실이 있다. 2층 발코니에서는 세계와 아마쿠사를 잇는 바다가 보인다. 'NEW 아마쿠사=아마쿠사의 미래'를 표현했다고 한다.

순수하게 웃으며 배웅해주는 직원들

오픈 직후 이곳에 묵었을 때는 빌라A · B밖에 없었다. 그럼에도 지금까지 경험한 숙소와 다른 재미있는 콘셉트에 들떴던 것이 기억난다. 그 뒤로 인연이 없다가 오랜만에 방문했을 때는 부지 내의 나무와 풀이 크게 자라 완전히 다른 이미지가 되어 적잖이 놀랐다. 더욱 동양적인 느낌이 나는 숙소로 변화한 것이 느껴졌다. 무성하고 짙은 녹음 속에 숙소의 부지 안을 걷는 것이 즐거웠다.

고소쿠노쿠쓰의 오너 야마사키 히로후미 씨는 자신을 여행자로 소개할 만큼 여행을 좋아하는 사람이다. 지금도 시간이 나면 어디론가 여행을 떠난다. 고소쿠노쿠쓰에는 그런 여행자의 마음이 담겨 있다. 여행을 가면 자신이 사는 곳을 객관적으로 보게 된다. 여행을 반복하는 사람은 그런 필터를 갖고 있지 않을까. 야마사키 씨도 여행지에서 아마쿠사를 생각하고, 자신이 앞으로 만들 숙소를 그려볼지도 모른다. 그런 생각이 든 까닭은 고소쿠노쿠쓰에 있으면 문득 자신이 어디에 있는지 모를 때가 있기 때문이다. 그런 신기함이 있다. 이곳에 머무는 동안 이 신기함을 즐기자.

가장 최근에 지은 빌라C는 산 경사면에 있어서 완전히 독립되어 있다. 빌라A · B와 C는 전혀 다른 콘셉트다. 빌라C의 테마는 '기독교가 전래된 중세 아마쿠사'다. 방에 들어가면 외부와 분리되어 자기만의 시간이 흐른다. 정말 조용하다. 밖에 나가지 않고 방에서 보내는 시간을 더욱 즐기고 싶다. 그저 아무것도 하지 않고 숙소 안에서 보낸다. 저녁 시간까지 이 숙소

저녁놀이 질 때 테라스에서 샴페인 한 잔. 어른은 즐겁다

1. 아마쿠사는 기독교 역사가 깊은 곳. 그레고리오 성가가 흐르는 레스토랑이 신비한 시간을 만들어낸다 2~5, 9. 품종닭 아마쿠사 다이오와 신선한 해산물을 쓴 창의적인 요리들. 오감이 기뻐한다 6. 테라스에서 먹는 아침 식사도 행복. 일식·양식을 고를 수 있다 7. 8. 아시아 리조트풍 인테리어가 여행 무드를 더욱 고조시킨다

# 절경도 낙원도 이곳에 있었다

에서 머무는 행복을 만끽하고 싶다.

식사는 고소쿠노쿠쓰에 묵는 큰 즐거움이다. 숙
소 요리의 기반을 쌓고, 미식가들의 호평을 받은
2대 요리장 이와모토 노리오 씨가 6년 만에 주
방으로 복귀하여 더욱 기대감이 높아졌다. 룸서
비스도 있지만 기본은 레스토랑에서 식사. 빌라
A · B에는 '단미 자슈몽淡味邪宗門', 빌라C에는 '덴
쇼天正'라는 개별룸 타입의 레스토랑이 있다. 음식
은 각각 다르지만 아마쿠사 인근 바다에서 잡은
다채로운 해산물을 아낌없이 사용한다. 재료 사
용이 대담해서 섬세함 속에도 놀라움이 있어 마
음이 들뜬다. 처음 숙박한 날 미역귀를 통째로 찐
요리가 나왔다. 대담하지만 불 조절이 절묘해서
잘게 썬 것과 전혀 다른 맛을 느낄 수 있었다. 해
산물을 잘 알고 있기에 가능한 요리다.

빌라A · B와 C에는 각각 바가 있다. 식사 전후에
식전주나 식후주, 칵테일이며 잠들기 전에 마실
약간 강한 술까지 있어 어른만의 시간을 조용히
보낼 수 있다. 도서실도 있어 책과 잡지, DVD 등
을 방에 가져와 여유롭게 즐길 수 있다. 고소쿠노
쿠쓰의 밤은 길다. 날이 맑으면 저녁놀과 별을 보
고, 비가 온다면 비의 풍경까지도 즐거운, 포근한
자연에 둘러싸여 보내면 된다.

이곳에서는 느긋하게 늦잠을 자는 것도 좋지만
그보다 아침 온천을 추천한다. 전날 밤에 저녁놀
을 보며 들어간 노천 온천에 이른 아침 공기를 마
시며 여유롭게 몸을 담근다. 목욕탕은 어느 방이
든 원천수를 흘려보내는 천연 온천이다. 밖의 날
씨가 좋은 계절은 아침밥을 테라스에서 먹어도
된다. 일식 · 양식 메뉴가 있어 선택하면 된다. 체
크아웃 전에 산책도 해보자. 숙소의 이름은 본래
아마쿠사의 역사에서 유래했다. 숙소 뒷산 '이시
야마'는 '도석陶石이 나는 산'이라는 뜻이다. 아마
쿠사 서해안은 일본에서 70퍼센트에 달하는 도

빌라C의 노천 온천. 바다에 잠기는 석양을 바라보며 목욕. 다른 나라의 리조
트에 온 기분이 든다

석의 산지이다. 또한, 메이지시대에는 기타하라
하쿠슈, 요사노 뎃칸, 기노시타 모쿠타로 등 5명의
시인이 아마쿠사를 여행했다. 이 여행은《다섯 켤
레의 신발(고소쿠노쿠쓰)》이라는 기행문으로 신
문에 게재되어 세간에 일본문화와 서양문화가 조
합된 아마쿠사의 매력을 널리 알리는 계기가 되
었다. 숙소 부
지에는 그들이
여행한 길이 '고
소쿠노쿠쓰 문학
여행길'로 남아
있다. 젊은 하
쿠슈며 뎃칸이
걸은 길을 조금
이라도 따라가
고 싶다.

주      소    구마모토현 아마쿠사시 아마쿠사마치
            시모다키타 2237
            熊本県天草市天草町下田北 2237
전      화    0969-45-3633
숙      박    1박 2식 25,000엔~
가 는 길    아마쿠사공항에서 차로 약 40분
            (셔틀 있음)
H      P    www.rikyu5.jp

# 유후인의 Bar에서 휴식

湯布院の Barでひと時

## 다마노유 '니콜스 바'에서
## 시작된 바 문화

||||||||||||||||||||||||

최근에는 온천장과 온천가에 바Bar가 있는 게 일반화됐다. 그러나 예전에는 온천가의 밤은 쓸쓸했다. 숙소의 저녁 식사를 마치면 방에서 마시는 정도다. 숙소의 식사는 비교적 일러서 밤에는 시간이 남아돌았다. 온천가에서 술을 마

현재 니콜스 바에서 세이커를 흔드는 사람은 고무라 도모코 씨

실 만한 곳은 기껏해야 스낵바 정도였다. 그러나 웬만큼 익숙한 사람이 아니면 낯선 지역의 스낵바는 무섭다.

내가 온천장 바에 처음 들어간 것은 유후인 다마노유 료칸의 '니콜스 바Nicole's Bar'였다. 다마노유는 유후인 3대 료칸 가운데 하나로 이름이 높다. 직접 가보니 정말 친절한 인상의 료칸이었다. 게다가 당시 온천장에 바가 있어 놀란 기억도 난다. 이 바는 이곳 온천장에서 장기체류하던 작가 C. W. 니콜 씨가 자주 찾던 곳. 옛날에 니콜 씨가 집필을 위해 장기체류하다 유후인에는 바가 없으

식전이라면 스파클링부터 시작해도 좋다

니 만들어달라고 요청해 그 이름을 따 니콜스 바가 되었다는 이야기가 있다. 그러나 사실은 그리 간단하지 않았던 모양이다. 니콜이 원고 집필을 위해 2주일간 머물고 돌아갈 때 '여기에 바가 있으면 최고일 텐데'라고 소박한 감상을 남겼다. 하지만 하루아침에 바를 만들 수는 없다. 다마노유의 현 사장 구와노 이즈미 씨도 바를 좋아해 바가 있으면 좋겠다고 생각하면서도 정작 실현시키지

어두워지기 시작한 잡목림을 바라보며 니콜스 바에서 휴식

못하고 있었다. 바는 점포를 만들고 술을 들여오면 끝나는 것이 아니다. 바텐더가 필요하다. 그때 인맥으로 소개받은 사람이 제국 호텔의 바텐더였던 이와모토 겐지 씨였다. 이와모토 씨는 16년간 일한 제국 호텔을 그만둘 예정으로, 다음 직장을 출신지인 미야자키현이 있는 규슈 내에서 찾고 있었다. 니콜 씨의 말, 이즈미 씨의 마음, 그리고 이와모토 씨와의 만남. 이 세 가지가 타이밍 좋

게 모여 1995년 11월 니콜스 바가 탄생했다.
바가 만들어진 다음에는 이와모토 씨의 존재가 니콜스 바에 큰 영향을 미치지 않았을까. 그만큼 존재감이 있는 바텐더였다. 어느 날 밤, 내가 니콜스 바의 카운터에서 마시고 있는데 8, 9명의 손님이 우르르 들어왔다. 어디서 식사를 하며 마시고 왔는지 모르지만 자리에 앉자마자 다들 다른 메뉴를 주문했다. 이거 당황하겠다고 생각했는데

## 바마다 새로운 만남이

이와모토 씨의 솜씨는 대단했다. 순식간에 잔을 놓고 주문받은 술을 차례차례 준비했다. 정말 거침이 없어서 제국 호텔에서 쌓은 바텐더의 역량을 본 듯했다. 카운터 안에서 항상 바른 자세로 서 있고 표정은 온화했다. 또한, 단골을 차별하지 않고 손님과 적당한 거리를 유지하며 편안한 공간과 시간을 제공했다. 그에게서 바텐더란 이런 것임을 배웠다.

니콜스 바는 다마노유의 부지 내에 있지만 숙박객이 아니라도 이용 가능하다. 3대 료칸 중에서도 '산소 무라타山莊無量塔'의 '탄스 바Tan's Bar'만 밤에는 숙박객 전용 바가 된다. 숙박객이 조용히 바를 즐기고 싶다면 제한하는 편이 나을지도 모른다. 그러나 다마노유는 처음부터 제한을 생각하지 않았다. 산간에 있는 무라타와 달리 관광객이 많이 찾는 곳에 있기 때문이다. 가볍게 들를 수 있는 열린 공간으로 만들고 싶었다고 한다.

니콜스 바의 손님은 숙박객이 40퍼센트, 외부 손님이 60퍼센트. 외부 손님은 관광객과 지역 주민이 반반 정도로, 여러 손님이 모인다. 니콜스 바는 관광객과 지역 주민들이 편하게 정보를 교환할 수 있는 살롱 같은 곳일지도 모른다.

"바를 만들어서 좋은 점은?" 이즈미 씨에게 물었다. "유후인에 바 문화가 정착된 것일까요?"라는 답이 돌아왔다. 다마노유 바의 평판이 높아졌기 때문인지 그 후에 유후인 료칸에는 바를 만드는 곳이 많아졌다. 3대 료칸 중 '가메노이벳소龜の井別荘'의 'Bar 야마네코'는 에도 말기에 만든 술집을 개량한 찻집 '덴죠사지키天井棧敷'를 밤에

료칸의 바에서 잔을 기울이는 어른만의 시간

'Bar Stir'는 이와모토 씨다운 세련된 분위기가 느껴진다. 유후시 유후인초 가와카미 3056 교에이 빌딩 2층 由布市湯布院町川上3056協栄ビル2F 전화 0977-85-3935

오야도 니혼노아시바타의 'Bar Barolo' 전화 0977-85-3666

칵테일과 위스키 주문도 편안하게

가메노이벳소 안에 있는 'Bar 야마네코' **전화 0977-85-2866**

만 바로 개방한다. 낮과는 전혀 다른 분위기를 느낄 수 있다. '오야도 니혼노아시타 バおやど二本の葦束'의 중후한 'Bar Barolo'는 옛 민가를 개축한 조용한 분위기의 바다. 바텐더 사토 겐이치 씨에게서 풍기는 따스한 분위기에 팬도 많다. 바마다 각각 개성이 있다. 유후인에서 바 투어를 도는 사람도 있을 정도이다. 온천가의 밤에 새로운 즐거움이 더해진 것이다.

니콜스 바를 필두로 료칸에 만들어진 바는 채광이 잘 드는 곳이 많다. 주변의 우거진 자연경관이 창문에 펼쳐져 도시의 모습과는 전혀 다르다. 개인적으로는 황혼이 질 때 카운터에 앉아 색이 변해가는 하늘을 보며 잔을 기울이는 것이 무척 특별하게 느껴졌다. 유후인에는 이런 특별한 시간을 만들어주는 바가 몇 군데나 있다. 앞에 나온 이와모토 씨도 10년을 근무한 니콜스 바를 그만두고 2005년 11월 유후인에 'Bar Stir'를 개점했다. 료칸의 바는 아니지만 유후인 바 문화가 더욱 풍성해졌다.

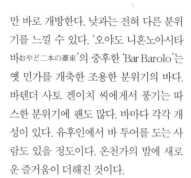

| | | |
|---|---|---|
| 주   소 | 오이타현 유후시 유후인초 유노쓰보 유후인 다마노유 내부 |
| | 大分県由布市湯布院町湯の坪 由布院玉の湯内 |
| 전   화 | 0977-85-2160 |
| 시   간 | 17:00~19:00, 20:00~L.O. 23:00 |
| 정 기 휴 일 | 없음 |
| 가 는 길 | JR유후인역에서 차로 5분 |
| H     P | www.tamanoyu.co.jp |

웅대한 풍경에 넋을 잃게 하는
멘노이시. 위의 바위는 소형차
정도의 크기라고 한다

주　　소　구마모토현 아소군 미나미아소촌 가인
　　　　　熊本県阿蘇郡南阿蘇村大字河陰
전　　화　0967-67-2222
　　　　　(미나미아소촌 관광협회에 3일 전까지 신청)
시　　간　09:00~16:00
　　　　　(악천후일 경우 중지)
※왕복 코스 2,000엔(중학생 이상) · 주회 코스 3,000엔
(중학생 이상), 집합 장소는 신청 시 확인

# 멘노이시

免の石

아소의 명소에서
힘을 얻는다

|||||||||||||||||||

구마모토현의 미나미아소에는 신기한 돌이 있다. 돌의 이름은 '멘노이시'. '떨어지지 않는 돌', '허공에 뜬 돌', '신비한 파워 스폿' 등 명칭이 다양하다. 대자연이 만든 신비함 중 하나라고 한다. 그 광경을 한 번은 봐두고 싶다.

멘노이시가 있는 곳은 미나미가이린산의 중턱. 최근에는 전망 공원도 정비되어 멀리서 바라볼 수도 있지만 역시 눈앞에서 보고 싶다! 그러나 멘노이시가 있는 곳은 사유지이기에 멋대로 들어갈 수 없다. 미나미아소촌 관광협회의 '멘노이시 트레킹'을 신청하고 안내를 받아 가야한다.

사유지로 들어가는 문을 지나 10분쯤 포장된 길을 걷고, 그 뒤에 포장도로에서 벗어나 깊은 산속으로 들어간다. 초보라면 길을 잃기 십상일 듯해 안내인의 존재가 감사했다. 물이 흐르지 않는 골짜기를 오르고, 바위와 마른 나뭇가지가 굴러다녀 걷기 힘든 곳을 가야 해서 평소 포장된 길만 걷던 몸으로서는 조금 힘들었다. 트레킹 슈즈를 신는 편이 낫다. 다만 힘들기만 한 것은 아니다. 자연 속을 걷는 즐거움도 있다. 숲의 냄새가 나서 힘껏 심호흡을 해보기도 했다. 때로는 바위를 붙잡고, 로프를 잡아야 하는 곳도 있으므로 장갑을 끼는 것을 추천한다. 레벨로 말하자면 초급 코스 정도지만 제법 올라가야 한다. 안내인은 참가자의 상황을 살피며 휴식을 취하거나, 재미있는 산

이야기를 해줘서 덕분에 간신히 포기하지 않고 목적지에 도착할 수 있었다.

최후의 난관은 높다란 계단. 이 계단은 코스를 정비하며 만든 것으로 전에는 사다리를 타고 올라가야 해서 많은 사람이 여기까지 와서 포기했다고 한다. 계단을 만들어준 분들에게 감사한 마음이다.

그렇게 끝까지 올라가면 갑자기 눈앞에 신비한 광경이 펼쳐진다. 돌이 암벽에 끼어 있고, 그 맞은편에 보이는 풍경이 신성하게 보인다. 일설에는 '용이 낳아 떨어뜨린 알'이라며 '벤노이시娩の石'라 부르던 것이 멘노이시가 되었다는 말도 있다. 실제로는 화산활동 과정에서 붕괴와 침식을 반복하다 우연히 돌 하나가 암벽에 끼었다는 설이 유력하다. 그밖에 원래 좌우 암벽에 하나의 큰 바위가 있었으나 침식으로 지금 형태가 되었다는 설도 있다. 멘노이시를 보면 '재난을 면한다'고 여겨 가정의 평화를 기원하러 찾곤 한다. 또 바위가 떨어지지 않는 모습 때문에 입시나 취직 시험에서도 떨어지지 않고 합격하기를 바라는 마음으로 찾기도 한다. 요즘은 파워 스폿이라며 기를 받으려고 오는 관광객도 많다.

자신의 다리로 자연 속을 걷고 도달한 성취감과 상쾌함이 좋아서 힘이 솟는 듯 느껴졌다. 아소는 신기한 곳이다.

## Rail Road column 2

# 오래됐지만 새로운 'SL히토요시'와 만나다

1량과 3량에 만들어진 파노라마 뷰의 전망 라운지가 특등석. 몇 번이나 구마강을 건너며 변화무쌍한 아름다운 강가의 풍경이 차창을 장식하여 아이와 어른 모두 집중하게 한다

가고시마 본선 · 히사쓰선 경유로 운행하는 'SL히토요시'는 다이쇼시대에 제조된 증기기관차 하치로쿠다. 옛 시대의 정겨운 여행 정서와 오감으로 느끼는 박력은 기차 마니아가 아니라도 감격할 것이다. 이 증기기관차는 1922년 제조되어 나가사키 본선을 시작

구마모토역을 발차한 열차는 중간의 야쓰시로역까지 가고시마 본선을 타고 구마강을 따라 달리다 히사쓰선으로 접어든다. 히토요시역에서 꼭 봐야할 것은 전차대(증기기관차의 방향전환을 위한 턴테이블). 현존하는 것은 전국적으로도 귀중하다

'SL히토요시' 추천 코스 → 구마모토역 ▬▬ 잇쇼치역 ▬▬ 히토요시역

역사견학

으로 규슈 각지에서 50년쯤 활약한 뒤 노후화 때문에 은퇴하였으나 많은 팬의 요청으로 2009년에 다시 부활했다. 현역으로는 일본 최고령인 증기열차다. 다시 검게 칠한 기관차에 견인되는 객차는 옛 모습을 남기면서도 가죽 시트를 까는 등 쾌적하고 모던하게 리뉴얼했다. 절경을 즐기는 파노라마 뷰의 전망 라운지도 생겼다. 전석 예약제로 운영되며, 인기가 높으니 미리 예약을 해야 한다. 이 증기열차에 탄 사람들은 모두 소원을 이룬 것처럼 기뻐 마지않는 얼굴이다. "좋은 여행이네요"라며 함께 탄 사람들과 대화를 나누니 기쁨이 더욱 커진다. 오래되었지만 새로운 증기기관차와의 만남을 실컷 맛보기를 바란다.

점심이나 차를 마신다면 히토요시 시내가 한눈에 보이는 높은 언덕에 세워진 'Kura_倉 Cafe'에 가보자. 모던한 인테리어도 마음을 편안하게 한다. 히토요시역에서 차로 5분 거리다

주소 : 히토요시시 간조지마치 1007-20 人吉市顕成寺町 1007-20
전화 : 0966-28-3080

 구마모토역~히토요시역/1일 1회 왕복. 3~11월 운행일 한정, 사전 예약.

구마모토 출발~히토요시역 도착 사이에 6개의 정차역 중에서 사카모토 · 시로이시 · 잇쇼치는 비교적 오래 정차하는 역. 열차에서 내려 고풍스러운 역사 견학도 가능

히토요시역에서 하차해 히토요시 온천 거리 산책을 할 수 있다. 온천에 들르거나 벚꽃이나 단풍 시기에는 히토요시 성터(국가지정 사적)에서 산책해도 좋다

세련된 가게라도
까다롭지 않고, '고향'과
'어머니의 맛' 같은 깊은
맛을 내는 전골처럼
너그럽고 친절하게
맞이해주는 남부 지역.

**3**

# 남부 지역

미야자키 · 가고시마

우주를 느끼는 섬,
세계의 VIP에게 사랑받은 료칸 등⋯.
일본의 보물이 여기저기 있다.

# 숯불꼬치구이 도라야

炭火串焼 とらや

미야자키에서
토종닭 맛과 셰프의
모습에 반하다

IIIIIIIIIIIIIIIIIII

점주 사메지마 형제. '음식은 사람이다'라고 느끼게 하는 성실한 일처리를 느끼고 싶어 가게를 찾는다

미야자키시의 번화가 빌딩 2층. 계단을 오르면 '숯불꼬치구이 도라야'가 있다. 실내는 나무를 많이 써서 차분한 분위기다. 계절에 맞는 꽃과 그림으로 장식되어 있어 공간도 아름답게 정돈되어 있다. 그 중심에 ㄴ자 카운터를 따라 구이용 불판이 있다. 카운터는 깨끗한 솔송나무 자재로 적당히 길이 들어 좋다. 환기팬과 주방의 싱크대도 반짝반짝 닦여 있어 청결감이 들어 만족스럽다.

가게를 운영하는 사람은 사메지마 마나부 씨, 나오 씨 형제. 늘 빳빳하고 새하얀 옷을 입고 맞이해준다. 단골에게도 너무 친근하게 대하지 않으면서(그러나 농담은 한다) 친절하다. 멀리서 자주 찾는 사람이 많은 까닭도 그런 두 사람의 얼굴이 보고 싶고, 이 공간이 그립기 때문일지도 모른다. 물론 꼬치의 매력은 말할 것도 없다.

형제의 생업은 시내의 닭 정육점으로, 어린 시절부터 닭을 손질하는 일을 도왔다. "그 시절에는 아이가 집안 일을 돕는 게 일반적이었으니까요"라고 회상하는 형제. 그러나 생업으로 삼는 것은 생각도 못 했기에 대학은 둘 다 도쿄에서 나왔다. 그러다 닭을 다루는 일을 하게 된 것은 인연이 있었던 것 같다고 말했

배에 여유가 있으면 콩팥, 안창살 등 특수 부위도 꼭 먹어보자

다. 특히, 닭 요리집에서 일한 경험은 없어도, 닭고기를 다루는 법은 몸이 확실히 기억하고 있었다고. 닭 한 마리를 통째로 해체하는 솜씨는 달인 같다. 지금은 손질은 전문 업자에게 맡기고 있지만, 닭은 하나부터 열까지 잘 안다고 한다.

닭은 처리 후 8~12시간 후가 가장 맛있게 숙성되는데, 도라야에서는 이 조건을 충족하는 아침에 잡은 닭이 주역이다. 미야자키에서 닭이라고 하면 다릿살 숯불구이가 유명하다. 하지만 이 가게에서 제공하는 것은 닭의 다양한 부위의 꼬치구이다. 닭을 손질하며 나오는 희소한 부위도 먹을 수 있는 까닭은 사메지마 씨의 섬세한 칼솜씨 덕분이다.

도라야의 추천 메뉴는 꼬치 10개와 채소 스틱, 국이 세트인 우메 코스. 이 코스 요리가 1,800엔(세금 제외)이라니 정말 싸다. 이 코스의 꼬치는 다양하게 나온다. 담백한 안심살부터 네기마(닭고기 사이에 파를 끼운 것), 완자, 약간 변화구로 치즈말이, 삼겹살을 이용한 2가지, 고기말이와 아스파라거스말이까지 나온다. 꼬치맛의 비밀을 아무리 물어도 사메지마 씨는 가르쳐주지 않지만 절묘한 굽기와 소금간이 아닐까 추측해본다. 미야자키산 백탄으로 정성껏 구운 고기는 닭의 맛이 돋보여 씹으면 육즙이 뿜어져 나온다.

추가로 꼭 추천하는 메뉴가 닭고기 회. 안심살 외에 생간, 모래집 회, 심장 회가 있는데, 선도와 요

불판을 볼 수 있는 카운터가 이곳의 특등석이다

리인의 실력 덕택에 맛있다. 열을 가한 닭고기에서는 맛볼 수 없는 꼬들꼬들하거나 쫄깃한 각각의 식감 차이와 풍미, 맛을 확실히 느낄 수 있다.

마무리 밥으로는 닭고기 차밥이 좋다. 밥 위에 안심살을 얹고 가게 자랑인 닭 국물을 듬뿍 끼얹어주어 배가 불러도 후루룩 먹게 된다. 과연 닭 요리집의 차밥이다. 아아, 행복한 시간이다. 이런 맛도 분위기도 좋은 가게. 당연히 동네 단골도 많아서 특히 주말에는 예약하지 않으면 후회하게 된다.

| | |
|---|---|
| 주　소 | 미야자키현 미야자키시 다치바나도 리니시 3-4-1 가자미도리 빌딩 2층 宮崎県宮崎市橘通西 3-4-1 風見鶏 ビル 2F |
| 전　화 | 0985-27-3801 |
| 시　간 | 18:00~23:00 |
| 정 기 휴 일 | 일요일 |
| 가 는 길 | JR닛포 본선 미야자키역 |

'니치난 가다랑어구이 정식'은 가다랑어가
각 4점으로 미리 절여서 나온다. 굽기는
색이 변하는 정도를 추천한다고 정식에는
밥, 채소 조림, 두툼한 계란말이, 미역
미소시루, 김 된장국이 함께 나온다

자리는 널찍하다. 정원을 보며 먹다보니 왠지 오래 머물게 된다

42 New Kyushu Trip
남부 | 미야자키시 | 향토 요리

# 다목적 공간 갤러리 고다마

多目的空間ギャラリーこだま

## 오비의 신명물 '니치난 가다랑어구이 정식'의 맛

|||||||||||||||||||||||||||||

오비飫肥는 이토 가문이 관리하던 지역. 이끼가 낀 돌담, 성문 앞의 돌계단·해자의 흔적·무사의 집 등 옛날 마을 풍경이 남아 있어서 국가의 중요 전통 건조물 보존지구로 지정되었다.

오비의 음식이라 하면 '오비텐飫肥天'과 두툼한 계란말이가 쌍벽을 이뤘다. 전자는 근해에서 잡은 신선한 생선을 갈아 두부와 흑설탕, 된장을 섞어 만들어 살짝 달콤하고 부드러운 식감의 서민적인 맛이다. 후자는 영주에게 헌상했다는 전설의 맛. 마치 네모난 푸딩같이 달콤하고 고급스러운 맛이다. 이 지역에서는 축하 파티에 빼놓지 않는 음식이라고 한다.

그리고 이곳 오비의 새로운 명물이 2010년 니치난시가 고안한 '니치난 가다랑어구이 정식'이다. 니치난시는 일본에서 가다랑어 어획량이 가장 많

은 곳으로, 그 사실을 홍보하며 가다랑어 요리 먹는 법과 맛을 알려주기 위해 고안했다. 참여 가게는 연구한 2종류의 소스에 얇게 썬 가다랑어 회를 내놓는다. 그냥 먹어도 좋고, 숯불에 구워 먹어도 좋다. 마지막에는 국물을 부어 밥을 말아먹는다. 소스 맛과 반찬은 가게마다 다르다. 내가 고른 곳은 '다목적 공간 갤러리 고다마'. 다목적 공간으로 쓰이는 와중에 디저트 카페로도 이용되고 있다. 메이지시대에는 약재상이었다는 오래된 상가로, 안에 들어가면 넓은 토방이 있고, 객실에서는 정원이 보인다.

이곳의 음식은 이 지역의 간장을 베이스로 마늘, 생강이 들어간 가다랑어 간장소스와 참깨소스 2종류와 함께 먹는다. 소스에 찍어 먹으면 밥과 잘 어울리고, 또 숯불에 살짝 구워도 풍미가 더해져 맛있다. 저절로 젓가락이 계속 가지만 마지막 두 조각을 남기고 밥을 말아먹었다. 곁들여 먹은 두툼한 계란말이 덕에 조금이지만 원조 오비 명물까지 맛볼 수 있어 기뻤다. 이 밥을 먹기 위해 다시 오비에 가고 싶다.

| | | |
|---|---|---|
| 주 소 | 미야자키현 이치난시 오비 8-1-1 | |
| | 宮崎県日南市飫肥8-1-1 | |
| 전 화 | 0987-25-0602 | |
| 시 간 | 11:30~17:00 (재료 소진 시 종료) | |
| 정기 휴일 | 화요일 (공휴일인 경우에는 영업) | |
| 가 는 길 | JR니치난선 오비역 | |

# 이이다 두부가게
飯田とうふ店

## 계절의 색채를 담은
## 산골의 선물

|||||||||||

| 주　소 | 미야자키현 히가시우스키군 시이바촌 |
| --- | --- |
| | 시타후쿠라 1754 |
| | 宮崎県東臼杵郡椎葉村下福良 1754 |
| 전　화 | 0982-67-2105 |
| 시　간 | 08:00~18:00 |
| 정 기 휴 일 | 일요일 |
| 가 는 길 | JR닛포 본선 휴가시역. |
| | 가마시이바행 버스로 약 2시간, |
| | 시이바시모루 버스정류장 도보 2분 |

이이다 이쿠코 씨. 나도후는 생산량이 한정되어 있으므로 전화 확인 후 방문한다

## 시이나의 부드러움과 강함을 모두 맛보고 싶다

미야자키현 산골, 구마모토현과 인접한 부근에 위치한 시이바촌. 헤이케의 패잔 무사에 얽힌 전설이 남아 있으며, 누구나 떠올릴 법한 깊은 산골 마을의 풍경과 만날 수 있는 곳이다. 예전에는 사방이 산으로 둘러싸인 비경이라 불렸으나, 몇 년 전에 도로가 정비되어 무척 편리하게 찾아갈 수 있게 되었다.

이 마을에 '나도후菜豆腐'라는 이름의 향토 요리가 있다. 그 이름이 귀여워서 꼭 한번 먹어보고 싶었

다. 이 요리는 축제나 관혼상제 등 기쁜 날에 가정에서 만들었다고 한다. 기원과 소망에 쓰이기도 한다고. 지금은 몇 군데 두부 가게가 그 전통을 지키고 있다.

염원하던 나도후는 예상보다 크고 묵직하며 단단한 두부였다. 그리고 두부에 박힌 채소가 화사해서 그것만으로 훌륭한 요리처럼 보였다. 나도후는 경작지가 부족하여 단백질원인 대두가 귀중했던 시대에 조금이라도 커다란 두부를 만들기 위

나도후 두부는 잘라서 된장을 발라 굽거나 조림으로 만들어도 좋다

해 채소 등을 넣고 양을 늘린 것이 기원이라고 한다. 그런 생활의 지혜가 다른 곳에 없는 훌륭한 상품을 만들어냈다. 크기가 커서 나도후 한 모는 보통 두부의 두 배는 된다. 간수를 적게 넣고 물을 거의 짜내 단단하게 만든 것은 보존을 생각했기 때문이다. 채소는 계절에 따라 달라지는데 잎채소와 당근, 차조기 등 다양하다. 이 지역에서 재배하는 '헤이케 순무'라는 채소가 많이 쓰인다. 이번에 나도후를 만들어준 사람은 이이다 이쿠코 씨. 80세가 넘었는데도 건강하고 웃는 얼굴이 귀여운 씩씩한 분이다. 주문한 때가 여름이었는데 "봄이었으면 유채꽃의 노란 꽃봉오리를 잔뜩 넣어서 더 화사했을 텐데"라며 조금 안타까워 했다. 그렇다. 나도후 안에는 그때그때의 계절이 담겨 있다. 또 만드는 사람에 따라 각각 개성이 드러난다. 파프리카 등 요즘 채소를 넣는 사람도 있다. 유머러스한 센스를 느끼게 한다. 분명 즐기며 만드는 것 같아 행복해졌다.

어묵은 아지노시키에 온 손님이 일단 주문하는 대표 메뉴이다

# 아지노시키
味の四季

따뜻한 분위기에서
맛보는 사쓰마의
가정 요리

| | | | | | | | | | | | | | | | |

주인 요시타니 사야카 씨의 따스한 접객도 기쁘다

된장을 뿌린 두부도 이 집 특유의 맛

주  소  가고시마현 가고시마시 센니치초 4-15
         鹿児島県鹿児島市千日町 4-15
전  화  099-224-6623
시  간  17:30~ L.O. 22:00
정 기 휴 일  화ㆍ일요일 (월요일이 공휴일인
         경우에는 일요일 영업)
가 는 길  가고시마 노면전차 덴몬칸도리역

이 가게를 처음 방문한 때는 꽤 옛날이었다. 오랜만에 찾으니 다음 주인이 물려받은 상태였다. 놀라긴 했지만 가고시마의 요리가 다양하게 늘어서 있고, 관광객과 지역 주민도 여전히 요리를 맛보고 소주를 마시는 광경은 옛날 그대로였다.

'아지노시키'가 가고시마에서 제일가는 번화가 덴몬칸에서 창업한 때가 1950년. 당시에는 어묵과 주먹밥 가게였다고 한다. 1985년 무렵부터 샛줄멸과 어묵튀김 등 사쓰마의 가정 요리도 제공했다. 이 가정 요리가 정말 좋다. 맛이 담백해서 먹어도 질리지 않는다.

간판 메뉴는 어묵. 가고시마는 된장어묵(어묵을 된장으로 맛을 낸 것)이 많은데, 주인인 요시타니 사야카 씨가 "저희는 간장 베이스예요"라며 바로 가르쳐주었다. 이곳의 어묵은 살짝 단맛이 있어서 소주와 잘 어울린다. 냄비 속에는 항상 30종류의 어묵이 있는데, 콩나물, 돼지 오도독뼈, 어묵튀김 등은 가고시마의 특징. 샛줄멸 회, 흑돼지 꼬치, 돼지고기 찜 등 사쓰마의 맛이 모여 있다.

1. 이 가게의 자랑인 된장어묵
2. 가게 내부 3. 눈과 혀로 맛
보고 싶은 샛줄멸 회 4. 호평
받는 수제 어묵튀김 6. 가고시
마현 사람이 사랑하는 흑돼지
고기찜

**45** New Kyushu Trip
남부 | 가고시마시 | 향토 요리

# 와카나
吾愛人

가고시마 요리와 소주로
유명한 가게가 이곳에
||||||||||||||||||||

주　　소　가고시마현 가고시마시 히가시센고쿠초 9-14
　　　　　鹿児島県鹿児島市東千石町 9-14
전　　화　099-222-5559
시　　간　11:30~14:30 (L.O. 14:00),
　　　　　17:15~23:30 (L.O. 22:30)
정 기 휴 일　없음
가 는 길　JR규슈 가고시마추오역
H　　P　www.k-wakana.com

가고시마 시내에 몇 군데 지점이 있는 '와카나'의 가게
이름은 가게와 교류가 있던 아동 문학가 무쿠 하토주
가 지었다. 사이고 다카모리가 마음에 들어 하며 휘호
로 쓴 '경천애인敬天愛人'에서 따온 말이라고 한다.

가고시마의 요리와 해산물로 메뉴가 풍성하다. 샛줄
멸 회가 반짝반짝 예뻤던 것이 이 가게의 첫인상이었
다. 샛줄멸은 정어리류에서 가장 작은 생선으로 회 외
에 소금구이나 튀김으로 뼈째 먹을 수 있다. 대가리를
따고 손으로 벌린 것을 국화꽃 모양으로 담는다. 가고
시마에서는 초된장으로 많이 먹는데, 정말 소주와 잘
어울린다.

또 가고시마 특유의 된장어묵과 흑돼지 샤브샤브, 흑
돼지 삼겹살을 구워 흑설탕과 보리된장을 발라 부드
러워질 때까지 삶은 돼지고기찜 등도 추천한다. 모두
소주와 어울린다. 이렇게 잔을 거듭하다보면 완전히
기분이 좋아진다. 역시 가고시마의 요리는 지역 소주
와 잘 어울린다는 것을 실감하게 해주는 가게다.

# BAR 보와루

BAR ボワル

주　　소　가고시마현 가고시마시 센니치초 3-17
　　　　　鹿児島県鹿児島市千日町 3-17
전　　화　090-9493-9020
시　　간　20:00~03:00
정기휴일　부정기
가 는 길　가고시마 노면전차 덴몬칸도리역

가고시마의 밤을 마무리하는
여유로운 만족감
|||||||||||||||||||||||

가고시마에서 식사를 할 수 있는 식당은 여기저기 많다. 하지만 마지막은 '보와루'로 결정했다. 보와루는 바Bar인데, 가고시마에서는 알 만한 사람은 다 아는 가게다. 이 가게 분위기는 주인인 신페이 씨 그 자체라고 해도 좋다. 여유롭고 강요하지 않는다. 바지만 마시는 것은 소주. 다만 요즘 유행하는 소주 바도 아니다.

보와루는 얼마 전까지 3층에 있었다. 실컷 먹고 마신 몸으로 이 계단을 내려가기는 힘들다. 그럼에도 들르는 이유는 편안하기 때문이다. 카운터에 앉는 사람은 거의 단골이다. 천천히 마시며 시답지 않은 화제로 낯선 사람들과 대화를 즐긴다. 그런 포장마차와 같은 바다.

그런 보와루에 새로운 뉴스가 생겼다. 이전한 것이다. 그것도 1층으로. 이전 후 처음 보와루를 찾은 날, 너무 편해서 웃음이 터졌다. 가게는 전보다 넓어지고, 조명은 여전히 어두우면서, 인테리어의 느낌이 밝아졌고, 메뉴가 약간 늘어났다. 전에는 겨울에 파는 어묵 외에는 마른 안주가 많았으나 가고시마 대표 술안주 닭고기 회며 치즈, 반건조 오징어가 생겼다. 그러나 신페이 씨의 여유로운 분위기는 여전했다.

가고시마의 밤. 마지막으로 한잔 할 때 꼭 맞는 바다.

1. 가고시마현 대표 술안주 닭고기 회도 보와루풍으로 2. 치즈도 추천한다 3. 수제 반건조 오징어는 소주 오유와리(소주에 데운 물을 탄 것)에 어울린다 4. 신페이 씨와 함께 여유롭게 지나가는 가고시마의 밤

자연광이 들어오는 카페 같은 내부

# FUKU+RE
후쿠레

## 전통과 미래를 잇는
## 가슴 벅찬 케이크로 입이 호강
|||||||||||||||||||||

| 주 소 | 가고시마현 가고시마시 메이잔초 2-1 |
| --- | --- |
| | 레트로프트 지토세 빌딩 2F |
| | 鹿児島県鹿児島市名山町 2-1 レトロフト千歳ビル 2F |
| 전 화 | 099-210-7447 |
| 시 간 | 10:00~19:00 |
| 정기휴일 | 월요일 |
| 가는 길 | 가고시마 노면전차 아사히도리역 |
| H P | www.fukure.com |

2011년 가고시마에 새로운 케이크 숍이 생겼다. 'FUKU +RE(후쿠레)'다. 조금 시기한 가게 이름은 가고시마현에 옛날부터 전해오는 향토 과자 후쿠레에서 유래했다. 가고시마에서는 지금도 먹을 수 있는 흑설탕 찐빵과 같은 것으로, 소박한 맛이라 고급스러운 느낌은 아니다. 그러나 가고시마 사람들에게는 할머니나 어머니를 떠올리게 하는 추억의 맛이다.

가게의 주인 신보 미카 씨는 가고시마 출신으로 고등학교 졸업 후 고향을 떠나 대학에 진학했다. 졸업 후에는 프랑스로 가 요리 잡지의 촬영 어시스턴트를 했다. 그사이 프랑스 레스토랑 주방에서 일하며 요리 공부도 했다. 귀국 후에는 식품 회사에서 상품 개발과 외식기업 메뉴 개발 일을 했다. 이러한 경험을 바탕으로 고향의 간식 후쿠레를 축하용 디저트로 만들어보자는 생각을 했다. 고향에 전해오는 방법과 소재를 살리며 동양도 서양도 아닌 새로운 스타일의 과자로 발전시켰다. 특히, 장식은 종래의 소박한 느낌과는 전혀 다르게 했다. 먼저 도쿄에서 후쿠레를 오픈

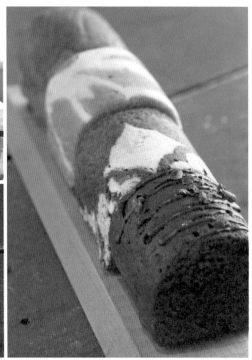

인기 있는 베지 머핀. 사쿠라지마 사브레는 선물로도 호평

해 순조롭게 운영했지만 사정이 생겨 고향 가고시마로 돌아왔다. 18년이나 떠났던 가고시마에서 후쿠레는 재출발했다.

신보 씨의 후쿠레 케이크는 본고장 가고시마의 사람들 눈에도 신선하게 보였다. 낡은 빌딩을 리노베이션한 카페와 같은 가게. 이것도 기존의 후쿠레 과자와는 다른 이미지다. 가게 앞에 늘어선 후쿠레는 언뜻 보면 롤케이크와 같은 형태로 장식도 개성적이다. 가게를 찾는 손님의 표정을 보면 설명을 들으면서도 자신이 알고 있던 후쿠레 과자와 일치하지 않아 처음에는 이상해하는 듯하다. 완전히 새로운 디저트를 보는 듯 고르기 시작하지만, 서서히 친숙해져간다. 들어보니 원래 후쿠레 과자는 오래 보관할 수 없어 선물로 적합하지 않지만, 후쿠레 케이크는 유통기한이 후쿠레 과자보다 길고 세련된 느낌이라 다양한 상황에 쓰인다.

먹어보니 맛도 후쿠레 과자와 크게 달랐다. 촉촉한 찐빵의 느낌은 그대로지만, 도카라 열도에 자생하는 섬바나나와 사쿠라지마 귤, 향신료, 도쿠노섬 럼주 등 가고시마의 식재료를 더하여 복잡한 맛을 자아낸다. 심플하며 소박한 원조 후쿠레 과자와 달리 모던한 존재감을 내는 진화형 케이크다. 적극적으로 이 지역의 식재료를 쓰며 새삼 가고시마 식재료의 다채로움을 깨달았다는 신보 씨. 마음이 들뜨는 모양도 케이크의 중요한 요소라며 데코레이션을 특히 고민한다.

발상의 전환으로 향토 과자에 새로운 가능성을 만들어냈다. 신보 씨는 지금 부정기적으로 개최하는 판매전 등을 위해 도쿄와 가고시마를 오가며 매일이 바쁘다. 그 와중에도 젊은 어머니, 아이들과 함께 가고시마의 향토 과자를 만드는 워크숍 등을 구상하고 있다고 한다.

오리 로스트와 사쿠라지마 귤을 이용한 카나르 아 로랑주

## 48 New Kyushu Trip
남부 | 기고시마시 | 프렌치

# Brasserie Vendange

브래서리 반당주

## 와인으로, 지역 소주로
## 가고시마 프렌치에 취하다

||||||||||||||||||||||||||

| | |
|---|---|
| 주 소 | 가고시마현 가고시마시 히가시센<br>고쿠초 2-38 후쿠라쿠엔 빌딩 1층<br>鹿児島県鹿児島市東千石町<br>2-38 福楽園ビル1F |
| 전 화 | 099-226-2729 |
| 시 간 | 월~목요일 17:00~24:00,<br>금・토요일, 공휴일 전날 17:00~02:00 |
| 정기휴일 | 일요일 |
| 가 는 길 | 가고시마 노면전차 덴몬칸도리역 |
| H P | br-vendange.com |

가고시마 향토 요리는 좋다. 무엇보다 지역 소주와 잘 어울린다. 그러나 어느 정도 먹으면 문득 서양 요리도 먹고 싶어진다. 그런 연유로 여기저기서 가고시마의 프렌치 요리를 먹어 보면서 깨달은 점이 있

와인도 소주도 사랑하는 오너 소믈리에 오소노 히로타카 씨

다. 수준이 높다. 주위에 물으니 가고시마 출신의 프렌치 전문 셰프가 많다고 한다.
'브래서리 반당주'의 오너 오소노 히로타카 씨는 일본 소믈리에협회 규슈 지부의 지부장을 맡고 있다. 시로야마 관광호텔을 거쳐, 오너 소믈리에로 2000년에 가게를 차렸다. 가게 문까지 가는 좁고 긴 홀에는 프랑스 국영 라디오가 흐르고, 안에는

프랑스에서 산 잡화와 소품류, 포스터가 장식되어 있어 캐주얼한 분위기가 즐겁다.

오너가 소믈리에라서 구비된 와인은 믿음직스럽다. 오가닉 와인과 저가 와인도 들여놓았다. 와인과 잘 어울리는 프랑스의 지방 요리도 맛볼 수 있다. 푸아그라나 오리 등 외국에서 들여온 식재료도 있지만, 생선과 흑우, 기리시마 숙성돼지 등은 가고시마산이다. 또한 채소도 되도록 이 지역의 것을 사용한다. 어느 날 먹은 카나르 아 로랑주(오렌지 소스를 곁들인 오리고기)는 오리 로스트에 사쿠라지마 귤을 썼다. 향기로운 오리고기에 귤의 상큼한 풍미가 잘 어울렸다. 여기서만 먹을 수 있는 프렌치이다.

오소노 씨는 와인 전문가면서 가고시마 대학의 '가고시마 르네상스 아카데미 소주 마이스터' 1기생이기도 하다. 반당주 카운터 안쪽에는 오소노 씨 마음에 든 소주가 늘어서 있다. 오소노 씨는 프

렌치 요리와 가고시마 소주의 궁합에 대한 연구에도 일가견이 있다. 프랑스 요리에는 역시 와인이 어울린다. 그러나 디저트에 소주를 매치하거나, 식후주로 리

부르고뉴풍의 에스카르고 구이

큐르 잔에 스트레이트로 소주 한 잔은 어떨까. 마르(와인용 포도를 짜고 남은 찌꺼기로 만든 브랜디)처럼 입속에서 굴리며 마시면 소주의 새로운 맛을 즐길 수 있다. 오소노 씨에게서 프렌치 레스토랑이라도 가고시마의 지역 소주 맛을 더욱 깊이 느낄 수 있음을 배웠다.

브래서리 반당주는 내공이 깊은 가고시마 프렌치 요리의 맛을 가르쳐주는 훌륭한 가게이다.

실내는 파리 팬에게 친숙한 비스트로 느낌

전채 요리

# 칸티네타
# 불카노

Cantinetta Vulcano

## 세련된 이탈리안과
## 유쾌한 시간

||||||||||||||||||||||

와인 라벨과 많은 장서도 대화의 화제가 된다

가고시마 메인 스트리트 덴몬칸에서 조금 떨어진 골목에 미식가의 마음을 끄는 가게가 늘어서 있다. 자주 가는 이탈리안 레스토랑도 그중 하나다. 하루는 시간이 조금 있어서 그 주변을 걸어보다 깜짝 놀랐다. '이탈리안'을 내건 가게가 많아서다. 처음에는 몇 곳이나 되는지 세어 보았지만 중간에 포기했다. 가고시마 사람은 이탈리안 요리를 좋아하나보다.

시치미코지七味小路라 불리는 거리에 있는 '칸티네타 불카노'는 창업한 지 20년이 넘는 인기 가게다. 이곳에서 처음 식사를 할 때, 옆에 혼자 앉은 여성이 "정말 맛있죠?"라고 말을 걸었던 것을 잊을 수 없다. 사랑받는 가게임을 확신했다.

이 가게의 오너는 소믈리에 와타세 신야 씨와 셰프 와타세 게이코 씨 부부다. '칸티네타'는 이탈리아어로 '식사 가능한 와인 숍'을 말한다. 그야말로 이 가게 그 자체다. 평소 손님을 맞는 사람은 신야

주방의 게이코 씨

개점 준비를 하는 신야 씨

털게 소스와 바질 풍미의 잉카노메자메 뇨끼

씨다. 게이코 씨는 항상 요리사 옷이 아닌 캐주얼한 옷에 앞치마를 두르고 요리한다. 주방 일이 어느 정도 정리되면 밖으로 나와 손님과 대화를 나눈다. 그럴 때면 와타세 씨 집에 초대받은 듯한 그런 친근함이 마음에 든다.

게이코 씨가 만든 요리는 모두 맛있다. 정통파이며 경력이 있는 사람만이 할 수 있는 재치 넘치는 요리 솜씨가 훌륭하다. 예를 들어 전채 요리 중 하나인 바게트는 리코타 치즈에 콜라투라라는 이탈리아의 액젓으로 맛을 내서 성게알을 올렸다. 메뉴판에 적혀 있던 것과 달라서 의아했는데 "이렇게 하는 게 맛이 더 나을 것 같아서요"라며 게이코 씨가 말했다. 강렬한 모습에 조화가 어우러진 맛이 대단했다.

소믈리에 신야 씨의 손님 접대도 가게의 큰 매력이다. 바로 얼마 전 방문했을 때에도 카운터 옆에 앉은 분들을 소개해줘서 금세 친해졌다. 그러고 보니 이곳의 카운터에서는 자연스럽게 대화가 시작된다. 신야 씨는 이탈리아 피에몬테의 전설적인 그라파(이탈리아의 브랜디) 명인 할아버지의 이야기 등 이쪽이 흥미를 느낄 법한 이야기를 들려준다. 대화가 열기를 띠고, 술이 넘어가며 절로 오래 있게 된다.

요리가 맛있는 것은 당연하고 그 이상이 있으니 또 가고 싶어진다. 가족이 함께 오는 오랜 단골이 많은 것도 납득이 간다.

| | | |
|---|---|---|
| 주 소 | 가고시마현 가고시마시 히가시 센고쿠초 5-27 제3도쿠나가 빌딩 1층 鹿児島県鹿児島市東千石町 5-27 第3德永ビル 1F | |
| 전 화 | 099-227-4543 | |
| 시 간 | 18:30~23:00 | |
| 정기휴일 | 월요일 | |
| 가 는 길 | 가고시마 노면전차 덴몬칸도리역 | |
| H P | www.facebook.com/ vulcano1994bruno2008 | |

# 추억의 마을 가조엔 / 덴쿠노모리

忘れの里 雅叙苑／天空の森

마음을 위로하는 최고의 고향 풍경
언젠가 가고 싶은 선망의 여행지로
IIIIIIIIIIIIIIIIIIIIIIIIIIII

**추억의 마을 가조엔**

| | | |
|---|---|---|
| 주 | 소 | 가고시마현 기리시마시 마키조노초 슈쿠쿠보타 4230 |
| | | 鹿児島県霧島市牧園町宿窪田 4230 |
| 전 | 화 | 0995-77-2114 |
| 숙 | 박 | 1박 2식 26,070엔~ |
| 가 는 | 길 | JR닛포 본선 하야토역에서 차로 약 20분 |
| H | P | www.gajoen.jp |

**덴쿠노모리**

| | | |
|---|---|---|
| 주 | 소 | 가고시마현 기리시마시 마키조노초 슈쿠쿠보타 3389 |
| | | 鹿児島県霧島市牧園町宿窪田 3389 |
| 전 | 화 | 0995-76-0777 |
| 가 는 | 길 | JR닛포 본선 하야토역에서 차로 약 30분 |
| H | P | tenkunomori.net |

아모리강 계곡을 따라 산속에 파묻힌 듯이 자리 잡은 '추억의 마을' 가조엔. 이엉으로 지붕을 올린 가옥이 흩어져 있고 집 앞에는 채소를 말리고 있다. 밥을 짓는 연기가 피어오르고, 약수에 담가 차가워진 채소와 과일이 있다. 어디선가 닭이 우는 소리가 들린다. 차에서 내려 좁은 길을 잠시 걷자 그곳에는 옛날 시골 풍경이 펼쳐져 있었다. 이 풍경을 보자 마음이 풀린다. 많은 여행객의 마음을 사로잡고 놓아주지 않는 인기 일본 온천장이 그곳에 있다.

기타큐슈 공업지대에서 한창 고도 경제 성장 중에 태어나고 자란 나에게 오염된 공기와 즐비한 굴뚝에서 피어오르는 연기가 현실적인 고향 풍경이다. 그러나 추억의 마을 가조엔을 방문했을 때 진짜 고향 풍경임을 절실히 느꼈다. 그리운 기분이었다. 누구나 사랑하는 시골 풍경. 실존했던 고향과 상관없이 누구나 마음속으로 상상하던 고향 풍경이 이곳의 최대 매력이다.

이 료칸이 오픈될 때까지 여러 가지 사연이 있었다고 한다. 오너 다지마 다

테오 씨는 묘켄 온천 온천장의 차남으로 태어났다. 그는 처음에는 다른 곳에서 일했다. 그러나 신혼여행 붐이 일 무렵 온천장 별관이 있던 곳에 2층짜리 목조 료칸을 지었다. 같은 시기에 생가 온천장도 물려받았다. 그러나 료칸 경영은 마음대로 되지 않았다. 한때는 공사 관계자를 대상으로 한 값싼 료칸으로 전락하기도 했다. 그러나 그것이 여러 가지 생각을 하는 계기가 되었다고 한다. 처음부터 어중간하게 료칸이 번성했다면 현재의 가조엔은 없었을 것이고, 그 후에도 전혀 다른 길을 갔을지도 모른다.

다지마 씨는 자신이 생각하는 이상의 료칸을 실현하기 위해 주변의 썩어가는 오래된 이엉지붕 민가를 옮겨 지어 도시에 없는 시골 풍경을 재현했다. 형태만 시골을 모방한 것이 아니었다. 료칸 부지 내에 밭을 일궈 손님에게 낼 채소를 재배하며 닭도 키웠다. 건어물도 자신들이 만들고 장아찌도 담갔다. 그런 얄팍하지 않은 시골 풍경과 삶이 사람들의 마음을 울렸다. 신문과 여행 잡지에 료칸이 소개되면서 그 인기는 굳건해졌다.

가조엔은 노천 온천이 딸린 객실, 별채 베란다에 만들어진 강의 흐름을 볼 수 있는 노천 온천, 채소가 가득한 아침 식사 등 지금은 인기 있는 료칸의 기본이 된 시설과 운영을 이른 시기에 시작한 선

자연에 둘러싸인 침실

구자다. 그 후 베란다의 노천 온천은 방에 욕조를 두는 아이디어로 발전하였고, 한 채씩 늘려가던 이엉지붕 민가는 10개의 객실이 되어 가조엔이 완성되었다.

그다음 다지마 씨는 장대한 계획을 실행에 옮겼다. 가조엔 밭이 있던 산을 개간해 대자연 속에 노천 온천이 딸린 빌라 '덴쿠노모리'를 만들었다. 처음에는 이곳이 숙박 시설이 아니라 가조엔 손님용 들놀이(예전에는 그런 표현을 썼다) 장소라고

했다. 이곳은 일단 넓다. 360도 둘러볼 수 있는 시야 끝까지 기리시마 연봉이 펼쳐졌다. 테라스에 만들어진 노천 온천에서 그 산들을 바라보며 몸을 담그고 있으면 자신도 자연의 일부가 된 듯한 착각마저 든다.

그 후 덴쿠노모리가 숙박 시설로 오픈했다는 이야기를 들었다. 비싼 숙박료와 소박하지만 품이 많이 든 모습에 나에게는 멀게만 느껴졌지만, 일본 전역은 물론 전 세계의 VIP가 애용하는 특별

## 끝없이 펼쳐진 자연 속에서 지내다

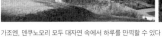
가조엔, 덴쿠노모리 모두 대자연 속에서 하루를 만끽할 수 있다

한 숙소로 인기를 끌고 있다. 공항에서 차로 15분이면 가는 입지도 유리하게 작용했다.

덴쿠노모리의 부지 면적은 18만 평(도쿄돔 13배 규모다). 이곳에 객실은 숙박용 3개와 당일용 2개를 포함해 오직 5개뿐이다. 옆 객실의 기척이 느껴지기는커녕 볼 수도 없다. 저 먼 곳까지 산골 마을의 풍경만 펼쳐질 뿐이다. 따라서 대자연 속의 노천 온천도 망설임 없이 들어갈 수 있다.

덴쿠노모리는 숙박 외에도 콘서트, 웨딩 등 다양한 이벤트가 개최된다. 가까운 곳에서 비일상적인 공간을 만나고 싶어 하는 이들에게도 좋은 선택지가 된다. 기회가 된다면 한번 이용해보는 것은 어떨까. 세계의 유명 인사에게 사랑받는 비밀스러운 장소, 규슈에 이런 멋진 여행지가 있다는 것을 알아주었으면 좋겠다.

# 다네가시마 우주 센터

種子島宇宙センター

일본에서 가장 우주와 가까운 섬

||||||||||||||||||||||

다네가시마는 가고시마현 오스미 제도의 섬 중 하나다. 해발 282m밖에 되지 않아 멀리서 보면 평탄한 섬이다. 이웃한 야쿠 섬이 최고점 1936m로 산세의 기복이 큰 것과 대조적이다. 과거에는 온난한 기후에서 잘 자라는 고구마 농사로 널리 알려졌다. 그러나 지금 다네가시마는 '로켓섬'으로 유명하다.

2014년 말 소행성 탐사기 '하야부사2'를 실은 로켓 발사로 일본 전역이 다네가시마를 주목했다. '하야부사1'이 기적적으로 귀환하면서 많은 사람들이 감동한 탓에 하야부사2의 발사는 세

우주여행 마니아라면 당연히 좋아할 독특한 상품이 가득하여 선물 찾기에는 최적!

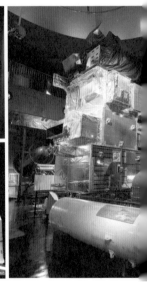

## 작은 섬에서 느끼는 커다란 우주

계적인 주목을 받았다. 하야부사2가 우주여행을 떠날 무대, 발사장이 있는 곳이 '다네가시마 우주 센터'다.

1969년 우주 개발 사업단 발족과 함께 설립된 다네가시마 우주 센터는 총면적 약 29만 평에 달하는 일본 최대의 로켓 발사장이다. 발사장은 다네가시마 동남쪽 끝 해안선과 면하고 있어 세계에서 가장 아름다운 로켓 발사장으로 불린다. 세계의 로켓 발사장을 보면 발사대 등 시설을 광대한 들판에 설치하는 경우가 많다. 하지만 이곳은 푸른 산속에 시설이 흩어져 있고 발사대는 산호초에 둘러싸인 곳의 돌출된 곳 가까이에 설치되어 있다.

센터에서는 로켓의 설치부터 발사, 위성의 최종 체크 등 로켓과 인공위성의 발사 전반을 책임지고 있다. 현관 앞에 우뚝 선 N-I로켓(높이

32.58m)의 실물 크기 모형이 눈에 띄는 '우주 과학 기술관'은 센터를 찾는 사람을 위한 무료 전시 시설이다. 국제 우주 정거장에 도킹한 일본의 실험 모듈 JEM '기보'의 실물 크기 모형도 있고, 우주 개발의 역사와 미래상, 로켓과 위성 등을 공부할 수 있게 되어 있다.

사실 M카메라맨은 몇 년 전 미국의 케네디 우주 센터를 촬영하고 왔다. NASA의 유인우주선 발사장 및 발사 관제 시설에 다녀왔는데, 이곳은 큰 인기를 끈 만화를 원작으로 한 영화 〈우주형제〉의 촬영지로도 유명하다. 그곳에서 M카메라맨은 시설의 박력과 끊임없이 일어나는 우주 센터와의 교신에 크게 놀랐다고 한다.

그 감격이 흐릿해지기 전에 이곳 다네가시마 우주 센터 촬영이 있어서 역시 마음이 들떴다. 케네디처럼 스케일은 크지 않지만 세계에서 가장 아

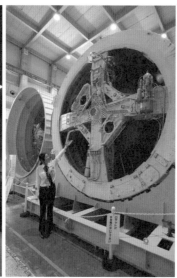

름다운 로켓 발사장이 여기에 있었다. M카메라맨은 "일본에도 우주와 연결된 곳이 있다고 뽐내고 싶다"며 자랑스러워하더니 이런 말도 했다. "사진이나 영상으로는 느낄 수 없는 실물의 박력, 스케일을 한 번은 체험해보기를 바란다."

주　소　가고시마현 구마게군 미나미타네초 구키나가
　　　　鹿児島県熊毛郡南種子町茎永字麻津
전　화　0997-26-9244
시　간　09:30~17:00 (7·8월은 17:30까지)
휴 관 일　매주 월요일 (월요일이 공휴일인 경우 화요일),
　　　　8월은 원칙적으로 무휴. 12월 29일~1월 1일
　　　　※로켓 발사일은 입관불가
가 는 길　다네가시마공항에서 차로 약 40분
H　P　fanfun.jaxa.jp/visit/tanegashima

어머니의 맛이 인기인
'가레이가와 도시락'. 표를
구입할 때 예약 필수

## Rail Road column 3

# 가고시마에서 *D&S 열차를 타다

고대 사쓰마의 강인한 하야토족을
모티브로 디자인한 사무라이 같은
느낌이 중후하고 멋지다. 바다에
뜬 사쿠라지마와 녹음이 울창한
기리시마까지 계절이나 시간에 따라
차창 풍경이 매번 달라진다

## '하야토노카제はやとの風를 타고 푸른 기리시마로!

금색 엠블럼이 눈에 띄는 검은색 차체의 중후한 외관과 달리 차내는 목재를 많이 사용해 편안하고 아늑하다. 차량 중앙에 설치된 전망 스페이스도 매력적. 뷰포인트인 가고시마-시게토미 사이에는 가고시마만 너머로 사쿠라지마도 보인다. 중간의 연안에는 메이지시대에 생긴 가레이가와역, 오스미요코가와역이라는 히사쓰선에서 가장 오래된 역이 있다. 역에서는 5분 정도 정차해 열차에서 내려 레트로한 분위기를 즐길 수 있다. 요시마쓰역에서 다시 가고시마추오역으로 돌아가도 좋고, 히토요시 방면으로 내려가도 좋다. 시간에 따라 다양한 여행 코스를 짤 수 있는 점이 매력이다.

'하야토노카제' 추천 코스 →

| 가고시마추오역 | 가레이가와역 | | 기리시마온센역 | | 오스미요코가와역 | | 요시마쓰역 |

가고시마추오역 → 가레이가와역 (역사 견학) → 기리시마온센역 (중간에 하차해 기리시마 온천 관광) → 오스미요코가와역 (역사 견학) → 요시마쓰역

가고시마추오역~요시마쓰역/ 1일 2회 왕복. 사전 예약 필수

기리시마온센역에서 하차해 기리시마 신궁을 보러 가거나, 가조엔(p.138)에 들른 후

요시마쓰역에서 '이사부로호'로 갈아타 히토요시로 향해도 된다

1. '흑백의 보물 상자'를 이미지화한 차체 디자인이 정말 신선하다! 2. 남규슈의 삼목 판자를 쓴 차량. 책장이 있는 소파 코너도 있다 3. 이부스키 시내에 있는 야마가와 온천의 천연 모래찜질 온천은 조망도 좋다

## '이부스키노타마테바코指宿のたまて箱를 타고 바다의 이부스키로!

흑백으로 반반씩 칠한 대담한 차체, 사쓰마반도에 전해지는 우라시마 타로 전설을 테마로 한 디자인, 승차 시 연기로 안개가 끼는 듯한 연출 등 이벤트가 재미있는 관광 열차다. 2인용 리클라이닝 좌석은 바다를 향해 회전하는 의자, 소파 코너 등 타입도 다양하다. 가고시마만을 따라 달리므로 날이 맑으면 아름다운 바다 풍경과 사쿠라지마의 멋진 모습도 볼 수 있다. 또 바다와는 반대쪽에 사쓰마 후지라 불리는 가이몬다케도 보인다. 종점인 이부스키역은 모래찜질로 알려진 온천가. 따뜻한 모래 속에서 몸을 데우는 모래찜질은 자연 미용법. 디톡스 효과가 높다니 꼭 미용시간을 갖자!

'이부스키노
타마테바코'
추천 코스 →

가고시마추오역 — 기이레역 — 이부스키역

차내에서 판매하는
'이부타마 푸딩'

가고시마추오역~이부스키역/ 1일 3회 왕복. 사전 예약 필수

이부스키역에서 하차해 천연 모래찜질 온천에서 휴식. 돌아올 때도 '이부스키노 타마테바코'를 타고 가고시마추오역으로 와 가고시마 시내의 맛집으로(p.128~137)

*D&S열차 … JR규슈가 운행하고 있는 관광 열차의 약어로 D는 디자인, S는 스토리의 약어. 즉 이야기가 있는 멋진 열차다.
※열차 노선 등 자세한 사항은 JR규슈 홈페이지에서 확인. www.jrkyushu.co.jp/

## 맺음말 — 규슈 여행 중독 선언!

규슈에 사는 사람만 아는 것도 있는가 하면, 규슈 사람도 모르는 것도 많습니다.
방문할 때마다 새로운 발견이 있는 규슈 여행은 몇 번이고 계속됩니다. 몇 번이고!

마쓰루마 나오키(사진 담당).
규슈를 여행하면서 느낀 점은 각 현마다 개성이 뚜렷해 매력이 있다는 것.
게다가 모두 자신의 고장을 사랑하며 자부심을 갖고 있습니다.
그것이 규슈의 맛으로 나오는 것이 아닐까요?
규슈 사람들은 모두 붙임성이 좋고, 때로는 지나치게 친절하고 상냥합니다.
전에 미야자키의 시골에서 밭일을 하는 사람에게 길을 물었는데, 일을 멈추고 같이 가며 데려다준 일도
있었습니다(웃음).
아직 모르는 지역과 요리가 많이 있지만, 마음이 따스해지는 만남이 있어
규슈 여행을 멈출 수 없습니다!

우시지마 지에미(글 담당)
제가 회사를 다니던 시절, 도쿄 본사에서 전근해온 상사 몇 명은 더 좋은 자리가 나도 규슈에 남고 싶다고
사정하고, 그것이 통하지 않으면 사직을 해서라도 규슈에 남았습니다.
저는 계속 규슈에 살았지만 그런 모습을 보고 규슈가 좋은 곳이라고 생각했습니다.
규슈 사람들은 너그라운 것 같지만, 사실은 풍요로운 식문화 때문에 맛에 엄격하고 가격에도 민감합니다.
이런 이유 때문에 대접하는 쪽도 먹는 쪽도 발전하는 것 아닐까요?

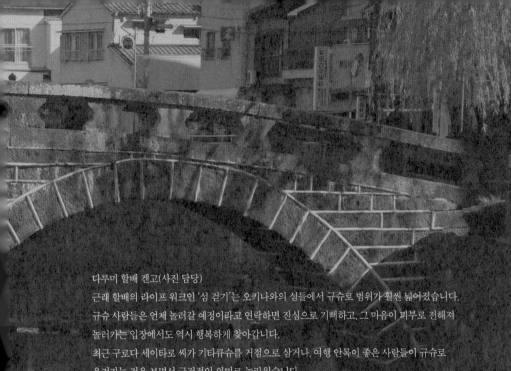

다루미 할배 겐고(사진 담당)
근래 할배의 라이프 워크인 '섬 걷기'는 오키나와의 섬들에서 규슈로 범위가 훨씬 넓어졌습니다.
규슈 사람들은 언제 놀러갈 예정이라고 연락하면 진심으로 기뻐하고, 그 마음이 피부로 전해져
놀러가는 입장에서도 역시 행복하게 찾아갑니다.
최근 구로다 세이타로 씨가 기타큐슈를 거점으로 삼거나, 여행 안목이 좋은 사람들이 규슈로
옮겨가는 것을 보면서 긍정적인 의미로 놀라웠습니다.
좋아하는 사람들을 만나러 규슈로 간다. 인생을 유쾌하게 마무리하기 위한 여행을 계속하며
할배는 오히려 점점 건강해지고 있습니다.


오이시 레이코(글 · 편집 담당)
'규슈 괜찮네.' 좋아하는 규슈를 안내했을 때 그런 감탄사를 듣는 것이 비밀스러운
즐거움이었습니다.
여기서 소개한 숙소, 요리점, 바, 갤러리, 그리고 그곳에서 일하는 사람들도 고장의 문화 그
자체이므로 항상 배울터라고 생각했습니다.
이 책을 읽으시는 분에게 전하고 싶었던 것은 정보만이 아니라, 그곳에 담겨 있는 이야기입니다.
다만 페이지에 한계가 있어서 이번에는 눈물을 머금고 제외한 가게도 있고, 또 오이타의
마애불과 다카치호의 성지, 아소 · 구주며 야쿠섬의 대자연 소개도 제대로 넣지 못하고 다음
책으로 넘기게 되었습니다.


마지막으로 이번 취재에 응해주신 가게와 관계자 분들에게 감사 인사를.
오랜 친분으로 평소 받아들이지 않을 법한 취재 내용에도 흔쾌히 응해주신 곳도 있어서 깊이
감사드립니다.

북부 지역 ①

# FUKUOKA MAP

후쿠오카공항

## 후쿠오카 시가지MAP

후쿠오카 성터
커피를 마시고 성터에서 오호리 공원을
한 바퀴 산책. 혹은 게야키도리를 걸어서
덴진 방면으로

Cro-magnon
멋진 어른이 모이는 와인바.
"다이다이"에서 먹고 한잔

다이다이(미즈타키 p16)

후쿠오카 야후오쿠 돔

바죠소(만두 p21)

고료리 에쓰
(고료리 p24)

커피 비미(커피 p30)

가와야 게코점(닭꼬치 p20)
시내 택시라면 '게코혼도리 슈퍼사니
앞'이라 말하면 통한다

Le Puits(갈레트 p32)
두 가게 옆의 봉주르 식당에서 런치,
여기서 디저트를 먹으러 옮겨가는 방법도

하나야마(포장마차 p22)
하코자키궁의 참배길 옆. 이곳은
포장마차라도 특별한 규칙으로
일요일은 낮부터 영업

하코자키궁

아니온(프렌치 p18)
가까운 스이꾜텐 만궁의 식당가도 북적거리는데,
그쪽과 길을 착각하지 않도록

포장마차 바 에비짱(포장마차 p12)
공원 길을 따라 포장마차가 늘어선
곳에 있다

우마우마 레이센점
라멘 · 만두 · 닭꼬치 등 하카타의 대중적인
음식을 간편하게 즐길 수 있는 가게.
아이가 있는 친구에게 소개해도 좋다

하카타역

라 · 토르튀

circa(빵 p28)
큰길에서 미노시마 상점가로 들어가 첫 번째
길에서 왼쪽으로 들어가 바로 오른쪽

Bar 제쿠
여성 혼자서도 올 수 있는 바.
칵테일 종류도 다양

후쿠오카공항

호텔 유니조 덴진
모던한 호텔로 어른이 좋아할 곳이다.
중심가에 있어 교통도 편리하다

구루메역

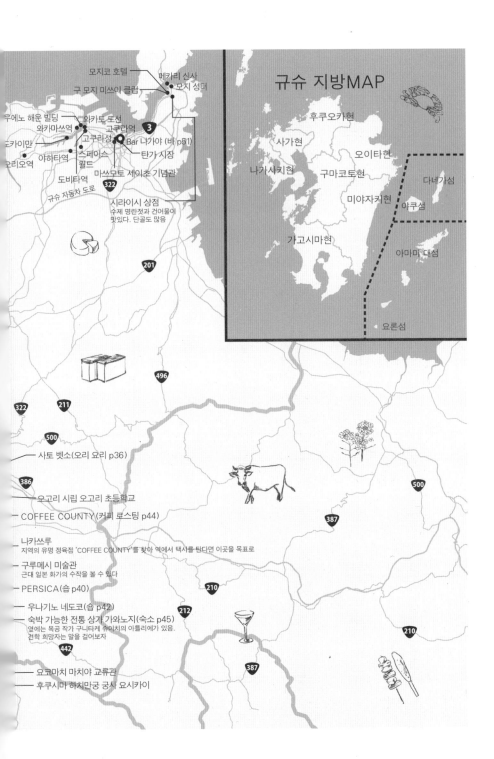

모지코 호텔 ── 메카리 신사
구 모지 미쓰이 클럽 ── 모지 성터

우에노 해운 빌딩 ── 와카토 도선
와카마쓰역 ── 고쿠라역 ③
ㄷ카이만 ── 고쿠라성 ── Bar 나가야 (바 p51)
아하타역 ── 스페이스 ── 탄가 시장
ㅓ리오역 ── 월드
── 마쓰모토 세이초 기념관
도비타역
규슈 자동차 도로 ③②②
── 시라이시 상점
수제 명란젓과 건어물이
맛있다. 단골도 많음

## 규슈 지방MAP

후쿠오카현
사가현
오이타현
나가사키현 구마코토현
다네가섬
미야자키현 야쿠섬

가고시마현
아마미 대섬

요론섬

②①①

④⑨⑥

③②② ②①①

⑤⑩⑩
── 사토 벳소(오리 요리 p36)

③⑧⑥
── 오고리 시립 오고리 초등학교
── COFFEE COUNTY (커피 로스팅 p44)

나카쓰루
지역의 유명 정육점 'COFFEE COUNTY'를 찾아 역에서 택시를 탄다면 이곳을 목표로

── 구루메시 미술관
근대 일본 화가의 수작을 볼 수 있다

── PERSICA(숍 p40)

── 우나기노 네도코(숍 p42)
── 숙박 가능한 전통 상가 가와노지(숙소 p45)
옆에는 목공 작가 구니타케 슈이치의 아틀리에가 있음.
견학 희망자는 말을 걸어보자

④④②

── 요코마치 마치야 교류관
── 후쿠시마 하치만궁 궁사 요시카이

⑤⑩⑩

③⑧⑦

②①⑩

②①②

③⑧⑦

②①⑩

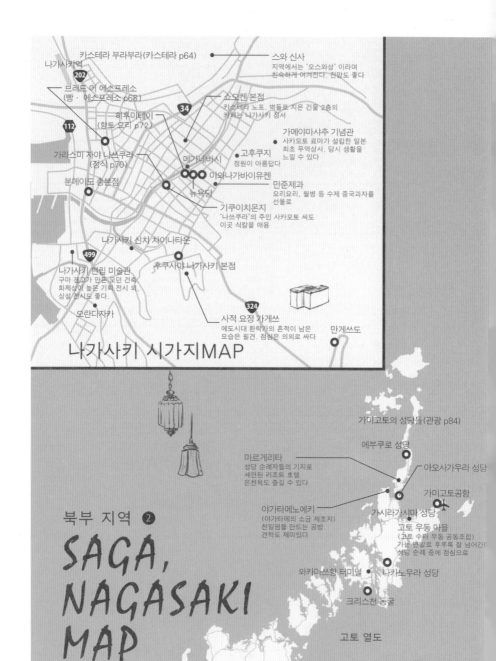

나가사키역
202

카스테라 부라부라(카스테라 p64)

브레드 어 에스프레소
(빵·에스프레소 p68)

히후미테이
(향토 요리 p72)

112

가라스미 자야 나쓰쿠라
(정식 p70)

분메이도 총본점

스와 신사
지역에서는 '오스와상'이라며
친숙하게 여겨진다. 전망도 좋다

쇼오켄 본점
카스테라 노포. 벽돌로 지은 건물 2층의
카페는 나가사키 정서

34

가메아마샤추 기념관
사카모토 료마가 설립한 일본
최초 무역상사. 당시 생활을
느낄 수 있다

고후쿠지
정원이 아름답다

메가네바시

뉴욕당

이와나가바이유켄

만준제과
요리요리, 월병 등 수제 중국과자를
선물로

기쿠이치몬지
'나쓰쿠라'의 주인 사카모토 씨도
이곳 식칼을 애용

나가사키 신치 차이나타운

499

나가사키 현립 미술관
구마 겐고가 만든 모던 건축.
화제성이 높은 기획 전시 외.
상설 전시도 좋다

후쿠사야 나가사키 본점

오란다자카

324

사적 요정 가게쓰
에도시대 환락가의 흔적이 남은
모습은 필견. 점심은 의외로 싸다

만게쓰도

# 나가사키 시가지MAP

## 북부 지역 ②
# SAGA, NAGASAKI MAP

가미고토의 성당들(관광 p84)

에부쿠로 성당

마르게리타
성당 순례자들의 기지로
세련된 리조트 호텔
온천욕도 즐길 수 있다

아오사가우라 성당

가미고토공항

야가타메노에키
(야가타메의 소금 제조지)
천일염을 만드는 공방.
견학도 재미있다

가시라가시마 성당

고토 우동 마을
(고토 수타 우동 공동조합)
가는 면발로 후루룩 잘 넘어간다!
성당 순례 중에 점심으로

와카마쓰항 터미널

나카노우라 성당

크리스천 동굴

고토 열도

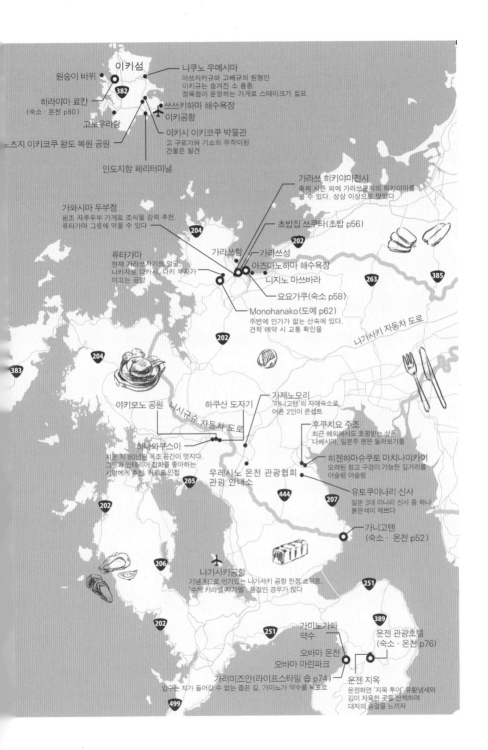

원숭이 바위

이키섬

382

히라야마 료칸
(숙소 · 온천 p80)

고노우라항

츠지 이키코쿠 왕도 복원 공원

인도지항 페리터미널

니쿠노 우메시마
마쓰자카규와 고베규의 원형인
이키규는 숨겨진 소 품종.
정육점이 운영하는 가게로 스테이크가 절묘

쓰쓰키하마 해수욕장

이키공항

이키시 이키코쿠 박물관
고 구로가와 기쇼의 유작이된
건물은 필견

가와시마 두부점
원조 자루두부 가게로 조식을 강력 추천.
류타가마 그릇에 먹을 수 있다

204

류타가마
현재 가라쓰야키의 얼굴,
나카자토 다카시, 다키 부자가
이끄는 공방

가라쓰항

가라쓰성

아즈마노하마 해수욕장

가라쓰 히키야마전시
축제 시즌 외에 가라쓰쿤치의 히키야마를
볼 수 있다. 상상 이상으로 멋있다

초밥집 쓰쿠타(초밥 p56)

202

니지노 마쓰바라

263

385

요요가쿠(숙소 p58)

Monohanako(도예 p62)
주변에 인가가 없는 산속에 있다.
견학 예약 시 교통 확인을

202

383

204

나가사키 자동차 도로

야키모도 공원

하쿠산 도자기

니시규슈 자동차 도로

가제노모리
'가니고텐'의 자매숙소로
어른 2인이 콘셉트

후쿠치요 주조
최근 해외에서도 호평받는 삼품
나베시마. 일본주 팬은 둘러보기를

히젠하마슈쿠토 마치나미카이
오래된 창고 구경이 가능한 길거리를
어슬렁 어슬렁

하나와쿠스이
지은 지 80년된 목조 공간이 멋지다.
그릇과 인테리어 잡화를 좋아하는
사람에게 추천. 카페로 인접

205

우레시노 온천 관광협회
관광 안내소

444

유토쿠이나리 신사
일본 3대 이나리 신사 중 하나
붉은색이 예쁘다

207

가니고텐
(숙소 · 온천 p52)

206

나가사키공항
기념품으로 인기있는 나가사키 공항 한정 스위트.
'숙제 카라멜 자기엘' 품절인 경우가 많다

251

202

251

가미노가와
약수

오바마 온천

오바마 마린파크

389

운젠 관광호텔
(숙소 · 온천 p76)

가리미즈안(라이프스타일 숍 p74)
입구는 차가 들어갈 수 없는 좁은 길. 가미노가 약수를 목표로

운젠 지옥
운전하면 '지옥 투어' 유황냄새와
김이 자욱한 곳을 산책하며
대지의 숭결을 느끼자

499

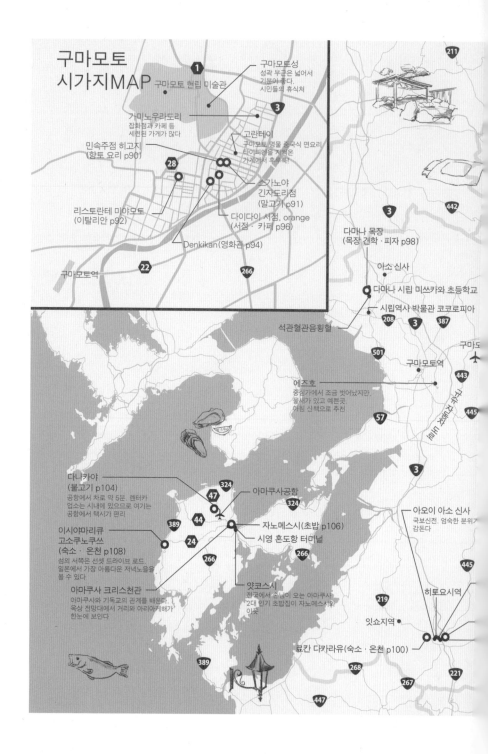

# 구마모토
# 시가지MAP 구마모토 현립 미술관

**구마모토성**
성곽 부근은 넓어서
기분이 좋다.
시민들의 휴식처

**가미노우라도리**
잡화점과 카페 등
세련된 가게가 많다

**고란테이**
구마모토 명물 중국식 면요리
타이피엔을 저렴한
가게에서 후루룩

**민속주점 히고지**
(향토 요리 p90)

**리스토란테 미야모토**
(이탈리안 p92)

**스가노야
긴자도리점**
(말고기 p91)

**다이다이 서점, orange**
(서점 · 카페 p96)

Denkikan(영화관 p94)

구마모토역

**다마나 목장**
(목장 견학 · 피자 p98)

**아소 신사**

**다마나 시립 미쓰카와 초등학교**

**시립역사 박물관 코코로피아**

**석관혈관음횡혈**

구마모토역

구마도

**에즈호**
중심가에서 조금 벗어났지만,
물새가 있고 예쁜곳.
아침 산책으로 추천

**다나카야**
(불고기 p104)
공항에서 차로 약 5분. 렌터카
업소는 시내에 있으므로 여기는
공항에서 택시가 편리

아마쿠사공항

**이시야마리큐
고소쿠노쿠쓰**
(숙소 · 온천 p108)
섬의 서쪽은 선셋 드라이브 로드.
일본에서 가장 아름다운 저녁노을을
볼 수 있다

**자노메스시(초밥 p106)**

**시영 혼도항 터미널**

**아오이 아소 신사**
국보신전. 엄숙한 분위기
감돈다

**아마쿠사 크리스천관**
아마쿠사와 기독교의 관계를 배운다.
옥상 전망대에서 거리와 아리아케해가
한눈에 보인다

**얏코스시**
전국에서 손님이 오는 아마쿠사
2대 인기 초밥집이 자노메스서와
이곳

**히토요시역**

잇쇼지역

**묘칸 다카라유(숙소 · 온천 p100)**

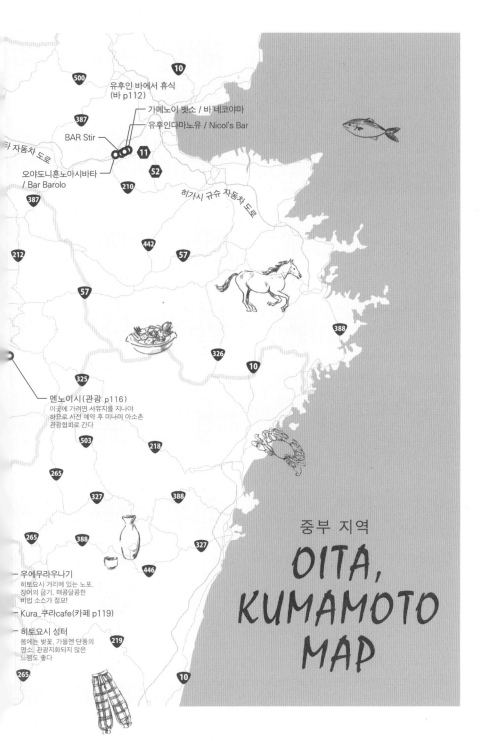

유후인 바에서 휴식
(바 p112)

┌ 가메노이 벳소 / 바 네코야마
├ 유후인다마노유 / Nicol's Bar

BAR Stir

자동차 도로

오야도니혼노아시바타
/ Bar Barolo

히가시 규슈 자동차 도로

멘노이시(관광 p116)
이곳에 가려면 사유지를 지나야
하므로 사전 예약 후 미나미 아소촌
관광협회로 간다

우에무라우나기
히토요시 거리에 있는 노포.
장어의 굽기, 매콤달콤한
비법 소스가 절묘!

Kura_쿠라cafe(카페 p119)

히토요시 성터
봄에는 벚꽃, 가을엔 단풍의
명소. 관광지화되지 않은
느낌도 좋다

중부 지역
OITA,
KUMAMOTO
MAP

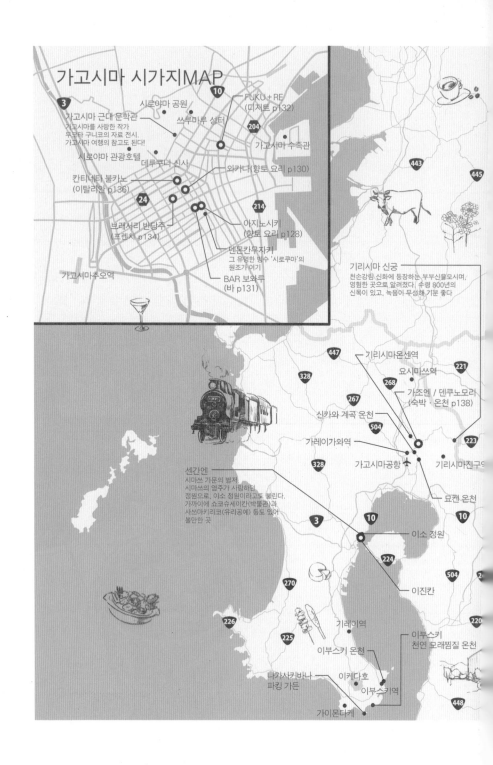

# 가고시마 시가지MAP

③

시로야마 공원

FUKU+RE
(디저트 p132)

가고시마 근대 문학관
가고시마를 사랑한 작가
무코타 구니코의 자료 전시.
가고시마 여행의 참고도 된다!

쓰루마루 성터

204

시로야마 관광호텔

가고시마 수족관

데루쿠마 신사

와카나(향토 요리 p130)

칸티네타 불카노
(이탈리안 p136)

24

214

브래서리 반당주
(프렌치 p134)

아지노시키
(향토 요리 p128)

가고시마주오역

덴몬칸무자키
그 유명한 빙수 '시로쿠마'의
원조가 여기

BAR 보와루
(바 p131)

기리시마 신궁
천손강림 신화에 등장하는, 부부신을 모시며,
영험한 곳으로 알려졌다. 수령 800년의
신목이 있고, 녹음이 무성해 기분 좋다

443

445

447

기리시마온센역

221

요시마쓰역

328

268

가조엔 / 덴쿠노모리
(숙박 · 온천 p138)

267

신카와 계곡 온천

504

가레이가와역

223

328

가고시마공항

기리시마진구9

센간엔
시마쓰 가문의 별저.
시마쓰의 영주가 사랑하던
정원으로, 이소 정원이라고도 불린다.
가까이에 쇼코슈세이칸(박물관)과
사쓰마키리코(유리공예) 등도 있어
불만한 곳

묘켄 온천

3

10

10

이소 정원

224

이진칸

270

504

2

226

225

기레이역

220

이부스키 온천

이부스키
천연 모래찜질 온천

다가사키바나
파킹 가든

이케다호

이부스키역

448

가이몬다케

325

326 10

503
이이다 두부가게
(두부 p126)

388

10

시이바촌 사무소

388 327

쓰루토미야시키
비경 시이바촌의 중심에 있는
국가 지정 중요 문화재인 옛 민가.
숙박 가능하다

219

미야자키시가이아
코티지 · 히무카

숯불꼬치구이 도라야
(닭꼬치 p122)

10

269

미야자키공항

도카쿠시 소바 본점
술을 마신 뒤 마무리는
이곳의 가마아게 우동

220

다목적 공간 갤러리 고다마(향토 요리 p124)

오비텐차야
쇼쿄토(작은 교토)의 거리를 산책하다
배가 고파지면 명물 오비텐(갈은 생선살 튀김).
선물로도 좋다

448

오비노차야 두꺼운 계란말이
푸딩처럼 독특하게 달콤한
계란말이 맛보시기를

고속선 로켓
니시노오모테 창구

다네가시마주조

58 76 75

코스모스 리조트
골프를 치지 않는
사람도, 혼자 여행이어도
숙박하기 편한 곳

다네가시마공항

초밥집 야치요
다네가섬의 제철 해산물을
먹을 수 있는 집.
정감 있는 요리

고즈마주조
본격 감자 소주
'우주형제' 같은 술도 있다

75

다네가시마 우주 센터
(관광 p142)

다네가섬 · 야쿠섬

남부 지역

# MIYAZAKI, KAGOSHIMA MAP

## 치칭푸이푸이 타비자

여행과 규슈를 사랑하는 카메라맨&라이터&에디터 네 사람이 모인 출판 모임. '음식을 통해 대지와 교감하기'를 테마로 몇 번이나 가고 싶고 사랑받을 만한 '가게', '사람', '장소'를 엄선해 새로운 규슈를 안내합니다.

### 마쓰쿠마 나오키

후쿠오카시 거주. 전국지와 기업지 등의 잡지와 서적 등의 편집 디자인 작업을 했다. 그중에서도 JR규슈의 차내 잡지 〈플리즈〉에서는 20년 이상 음식 페이지를 담당했다. 먹는 것을 사랑한다. 여행 일을 하는 중에도 맛있는 것을 탐구하는 데 여념이 없다. 저서로 《영국 귀족의 저택에 묵는 여행》 《고이즈미 다케오의 츄릅츄릅뷰릅뷰릅 규슈 혀의 여행》 등이 있다.
photo p6-9, p12-39, p46-49, p52-63, p73, p76-91, p104-151

### 우시지마 지에미

후쿠오카시 거주. 출판사 근무를 거쳐 1995년부터 프리랜서로 활동하고 있다. 규슈를 거점으로 음식과 생활에 관한 잡지와 JR규슈의 차내 잡지 〈플리즈〉 등에서 취재·집필을 맡고 있다. 특히 독자적인 시각으로 규슈의 식문화를 전하는 데 정평이 났다. 집필자로서 담당한 책으로는 《규슈 척척박사》 《또 하나의 규슈 여행》이 있다.
text p6-9, p12-39, p46-49, p52-63, p76-91, p104-151

### 다루미 할배 겐고

나하시 거주. 오키나와, 일본, 세계 각지를 무대로 사진촬영 여행을 계속하고 있는 남방 사진가. JTA 기내지 〈Coralway〉의 촬영을 약 30년간 담당했다. 사람을 좋아하고, 바다를 좋아하고, 새를 좋아하고, 아와모리(술)를 사랑하는 할배는 최근 규슈에 매료되어 꾸준히 드나들고 있다. 저서로 《남방 사진사 다루켄 할배의 오키나와 섬 여행 안내》 외 다수.
photo p2-5, p40-45, p50-51, p64-71, p72, p74-75, p92-103

### 오이시 레이코

나가사키 출생, 도쿄 거주. 2001년부터 글과 편집을 같이 하는 프리 에디터로서 음식, 여행, 기모노 등을 테마로 활동 중이다. 사랑하는 고향 규슈의 매력을 많은 사람에게 전하는 것을 사명으로 삼았다. 편집을 담당한 책으로는 《일본의 멋》(우에노 아쓰미 저) 《엔스가의 홈 디너》(엔스 H. 엔센 저) 등 다수.
text p2-5, p40-45, p50-51, p64-71, p72-75 p92-103

새로운
# 규슈 여행

2018년 9월 15일 초판 1쇄 펴냄

**지은이**　　치칭푸이푸이 타비자
**옮긴이**　　이진아
**발행인**　　김산환
**책임편집**　유효주
**디자인**　　페이지제로
**영업 마케팅** 정용범
**펴낸곳**　　꿈의지도
**인쇄**　　　두성 P&L
**종이**　　　월드페이퍼

**주소**　　　경기도 파주시 경의로 1100, 604호
**전화**　　　070-7535-9416
**팩스**　　　031-947-1530
**홈페이지**　www.dreammap.co.kr
**출판등록**　2009년 10월 12일 제82호

ISBN 979-11-87496-86-1-13980